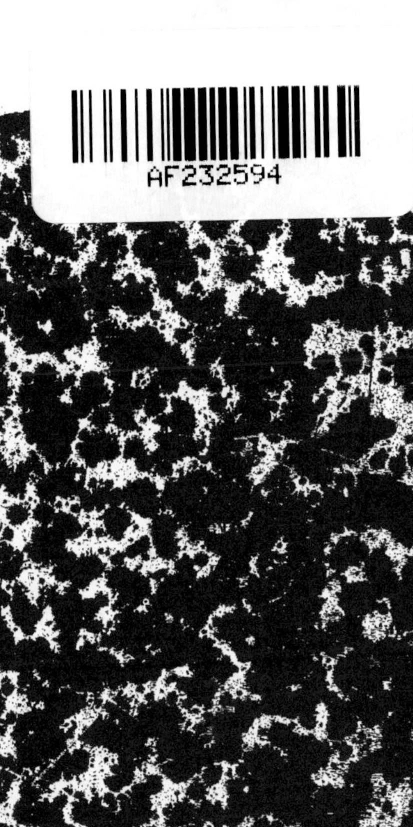

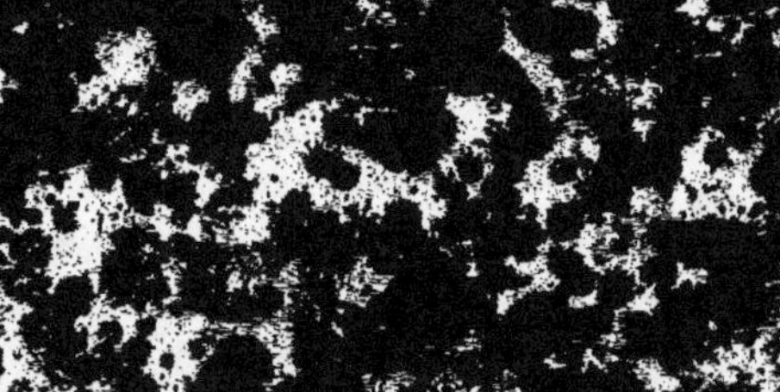

HISTOIRE

DE

LA CHARPENTERIE

ET

DES CHARPENTIERS.

PARIS. — TYPOGRAPHIE PLON FRÈRES,
RUE DE VAUGIRARD, 36.

HISTOIRE

DE

LA CHARPENTERIE

ET DES

ANCIENNES COMMUNAUTÉS ET CONFRÉRIES

DE CHARPENTIERS

DE LA FRANCE ET DE LA BELGIQUE,

PAR

PAUL LACROIX (Bibliophile JACOB),

De la Commission des Monuments historiques et du Comité des Monuments écrits de l'Histoire de France,

ÉMILE BÉGIN et FERD. SERÉ.

« Il y aurait à faire un travail intéressant et des recherches instructives sur les Corporations et leurs Statuts. C'est, on peut le dire, une législation toute particulière, la législation du peuple de cette époque : sous ce rapport, elle est digne des investigations des érudits et de la curiosité des lecteurs. »

(De Pastoret, membre de l'Institut, Préamb. des *Ordonnances royales*, t. xx.)

« L'esprit de charité, répandu sur la terre par le christianisme, donnait aux anciennes Confréries un caractère moral et sacré... »

(Le Roux de Lincy, t. vii de la *Soc. des Antiq. de France*.)

PARIS — 1851

LIBRAIRIE HISTORIQUE, ARCHÉOLOGIQUE ET SCIENTIFIQUE DE SERÉ,

5, RUE DU PONT DE LODI.

HISTOIRE

DES

CHARPENTIERS.

rt ou métier, c'est une grande et noble chose que la Charpenterie. Liée aux besoins les plus intimes de l'Humanité, elle naquit avec elle. Simple d'abord, elle prit des formes différentes selon les climats; elle devint aussi variée que le costume, aussi changeante que le besoin. Naïve aux premiers âges du monde, sur le territoire des rois pasteurs; forte sous les rois conquérants, elle perdit de sa gracieuseté à mesure qu'elle descendit des plateaux de l'Asie pour s'avancer vers le Nord. Empruntant aux matériaux de chaque contrée des moyens de transformation indéfinie, elle comprit, elle accepta les exigences de la civilisation, et ses travaux, primitivement bornés, selon l'urgence, finirent par n'avoir d'autres limites que celles du caprice et de la vanité. Avant que l'homme eût conçu l'idée d'arracher du sein de la terre des moellons dont la superposition, géométriquement calculée, pût constituer une demeure solide, il avait dû recourir aux arbres, abris naturels, qui s'offraient à lui dans tous les pays, et qui lui permettaient d'ajouter peu de chose pour s'y créer une retraite contre l'intempérie des saisons. Ainsi, la Charpenterie précéda l'architecture, ou plutôt ces deux arts se trouvaient tellement unis à leur point d'origine, qu'il deviendrait

1

fort difficile de les séparer. Quand la maçonnerie prit naissance, la Charpenterie lui prêta son aide. Ce furent les Charpentiers qui donnèrent aux voussures les moyens d'appui auxquels la pierre allait se conformer, qui créèrent les échafaudages, et qui complétèrent l'édifice en opérant son revêtement. On remarquera même, dans l'architecture de tous les peuples, cette condition caractéristique, que plus on remonte haut vers l'origine de ces peuples, plus l'intervention de la Charpenterie l'emporte sur la maçonnerie, plus l'usage du bois l'emporte sur celui de la pierre ou du marbre; de telle sorte qu'une limite de séparation tranchée pourrait être établie entre les divers degrés de civilisation d'un pays, d'après les conditions matérielles et comparatives de la maçonnerie et de la Charpenterie : aux nations vierges ou primitives, des constructions entièrement en bois; aux nations secondaires, des constructions mêlées de moellons et de charpente; aux nations civilisées, des constructions où le bois joue un rôle de moins en moins important. Que reste-t-il de l'Assyrie primitive, de l'Égypte primitive, de la Grèce, de la Gaule primitives? Rien. Pourquoi? Parce que la Charpenterie avait été seule appelée à construire leurs monuments; parce qu'un incendie dévorait une ville en quelques heures, et que, dans l'âge suivant, on ignorait jusqu'à la place où cette ville avait existé.

Depuis la construction du temple de Salomon, depuis ces merveilles obtenues de l'équarrissage artistique des cèdres du Liban, l'art du Charpentier s'était acquis, chez les Hébreux, la plus haute estime; et, lorsque le Sauveur des hommes choisit pour père un honnête industriel exerçant cette profession, peut-être eut-il moins encore le désir de s'offrir au monde dans une condition modeste, que de se placer au véritable point de contact de l'art avec l'industrie, de l'exercice simultané de la pensée et de la force matérielle. C'était une condition intermédiaire, ni trop élevée, ni trop basse, d'où sa divine parole devait plus facilement illuminer l'univers. Joseph, d'ailleurs, issu de la tribu de Juda, descendait d'ancêtres illustres, mais déchus depuis la captivité de Babylone. Le sang des rois coulait dans ses veines; et s'il n'avait pas le privilège de la fortune, il avait du moins celui de la distinction héréditaire. Les agiographes sont très-avares de détails sur saint Joseph. On ignore l'époque précise de sa naissance et celle de sa mort. On sait seulement qu'avant d'épouser Marie il habitait Nazareth, petite ville de Galilée, dans la tribu de Zabulon; qu'il y travaillait au bois pour subsister, et qu'il mérita, par sa conduite, le surnom d'*homme juste,* que lui donna l'Évangile. Après la naissance du Christ, il fut, selon toute probabilité, plus préoccupé du soin de la conservation et de l'éducation de l'enfant-Dieu que de l'exercice de sa propre industrie. Il vécut à Nazareth, presque tout le temps qu'il ne passa point en Égypte; et quand Jésus, parvenu à l'âge de la virilité, eut commencé ses prédications, Joseph mourut probablement, car on ne le voit plus cité nulle part. Aux noces de Cana, où furent conviés la Vierge, Jésus et ses disciples, n'assistait point Joseph; présomption en faveur d'un décès qui devait entrer dans les secrets desseins de la Providence; car la mission de l'*homme juste* semblait dès lors accomplie.

Saint Joseph n'ayant pas pris place sur les martyrologes avant la fin du neuvième siècle, son patronat ne remonte pas plus haut en ce qui concerne les Charpentiers. L'Hermès des Égyptiens, le Mercure des Grecs et des Romains, peut-être aussi Bacchus et Hercule, divinités nomades, civilisatrices, porte-lumière, personnifications de l'art et de l'industrie dans leurs acceptions si nombreuses et si diverses, présidèrent, jusqu'aux premiers siècles de l'ère chrétienne, aux travaux de la Charpenterie. C'était l'image, coulée en bronze, de l'un de ces apôtres du paganisme, que portaient à leur cou les compagnies d'ouvriers, Charpentiers et autres, qui suivaient les légions romaines, ou celles qu'une émigration intelligente transférait du centre aux extrémités de l'empire. Quand le christianisme eut substitué ses héros aux héros de la fable, ses réalités célestes et consolantes aux mensonges poétiques de l'imagination humaine, un martyr du troisième siècle, originaire de Syrie, détrôna l'Hercule pantophage de la Gaule et devint l'intercesseur officiel d'un grand nombre d'industriels, parmi lesquels figurent, au premier rang, les Charpentiers et les menuisiers: nous voulons parler de saint Christophe. Il fut l'objet d'une infinité de légendes où se confondent les traditions anciennes avec des inventions modernes; il devint le témoignage représentatif de la force sanctifiée par l'œuvre, du travail accompli dans un but de perfectibilité intellectuelle. Son image remplaça l'image d'Hercule; son souvenir effaça le souvenir immoral des travaux du fils d'Alcmène.

Bien avant que les Romains eussent changé l'aspect des Gaules, la Charpenterie avait fait des merveilles. Comment, sans admettre l'intervention puissante des bras de levier dont elle dispose, expliquer l'extraction, le transport de ces monolithes qu'on rencontre debout, comme des géants du désert, à d'énormes distances de leur berceau natal? Quelle main, si ce n'est la main des Charpentiers, dirigée par quelque grand artiste, a tracé dans le pays Chartrain cette chaîne immense d'hiéroglyphes dont chaque anneau est un monument et révèle peut-être toute une histoire? Quand César se précipita sur les Gaules, chaque obstacle sérieux qu'il rencontra lui fut opposé par les Charpentiers. Ils avaient contribué puissamment à la construction des murs cyclopéens formés de moellons, de madriers et de coins en bois interposés, qui s'étendaient, à des longueurs de plusieurs lieues, entre des pays limitrophes; ils avaient fermé, palissadé des villes importantes, telles qu'Alise, Bourges, Namur, etc., et quand les Romains voulurent prendre ces villes d'assaut, comme une proie facile, ce furent les machines inventées, dirigées par les Charpentiers, qui tant de fois les écrasèrent du haut des remparts. « Chez les Gaulois, dit César, les murailles sont presque toutes construites de la même manière. Ils couchent longitudinalement sur le sol, à deux pieds de distance l'une de l'autre, de grosses poutres attachées ensemble par des traverses. Les vides qu'elles laissent entre elles sont remplis avec de la terre et dissimulés en dehors avec des moellons superposés. A ce premier lit de poutres, de terre et de moellons, ils en ajoutent un second, espacé de la même manière, afin que les solives, ne se touchant pas, soient supportées par les moellons placés entre elles. L'ouvrage est ainsi continué jusqu'à la hauteur convenable, les pierres posant sur les poutres, et les poutres sur les pierres, en échiquier. Cette disposition offre un aspect assez agréable, et les murailles qui en résultent sont d'une excellente défense pour les villes ; car les moellons les préservent du feu, et les poutres les garantissent des coups du bélier ; car elles ont ordinairement une longueur de quarante pieds, ce qui donne à l'ensemble du mur une épaisseur semblable, contre laquelle les machines ne peuvent rien. » Certes, nulle construction défensive n'était préférable à celle-là. César l'appréciait parfaitement, et l'on conçoit la facilité qu'avaient les assiégés de manœuvrer leurs machines sur des parapets d'une semblable profondeur. A Marseille, par exemple, les balistes des Gaulois lançaient des solives de douze pieds de longueur, armées à leur extrémité d'une pointe de fer qui entrait profondément dans la terre, après avoir percé quatre rangs de claies opposées à son action destructive ; et ce ne fut qu'à l'aide de longs travaux, poussés avec un talent et une ténacité remarquables, que les Romains paralysèrent l'effet des machines dirigées contre eux.

Si César avait décrit les maisons des Gaulois avec le soin qu'il a mis à décrire leurs fortifications et leurs vaisseaux, nous pourrions nous former une juste idée de l'état de la Charpenterie, à cette époque reculée de notre histoire. Certainement, elles étaient en bois les vingt cités des Bituriens, brûlées par ordre de Vercingétorix, et les maisons qui les composaient devaient ressembler aux huttes des paysans du Nord, aux constructions des montagnards de l'Auvergne, tout au plus aux charpentes les moins achevées de la Champagne. Dans les contrées éloignées des villes, les traditions se conservent mieux qu'on ne pense : la haine que les Gaulois vaincus portaient aux Romains fut un long obstacle à l'adoption de leurs usages, et dans nos campagnes se retrouvent encore aujourd'hui, sous le rapport des habitations, du costume, des croyances, des mille détails de la vie intérieure, bien moins de traditions romaines que de traditions gauloises. Les principaux centres de population, tels que les villes commerçantes du littoral méditerranéen, ayant pris, au contraire, des habitudes conformes à celles de leurs vainqueurs, comme ces villes avaient antérieurement adopté les mœurs des Phéniciens, des Phocéens et des Grecs, la Charpenterie s'y développa en même temps que le luxe et la richesse. A côté d'édifices somptueux, dignes d'Athènes et de Rome, s'élevèrent quantité de maisons à péristyle, dont le rez-de-chaussée, construit en moellons ou en briques, supportait un étage, ou deux étages au plus, faits en bois et revêtus de torchis et de peinture. La plupart des ponts, surtout dans les premiers temps de la conquête, furent aussi construits en bois, sur le modèle du pont à l'aide duquel César traversa le Rhin. Les Charpentiers seuls étaient chargés de cette besogne, comme de toute celle qui concernait la navigation. Et déjà, lorsque s'opéra la conquête des Gaules, le général romain avait apprécié leur habileté dans ce genre; car on le voit, après sa seconde traversée de Boulogne, lorsqu'il eut fait voile pour la Grande-Bretagne, appeler des différentes parties de la Gaule le plus de Charpentiers possible, et les charger, concurremment avec ceux qu'il avait dans ses légions, de la réparation des avaries survenues à sa flotte. *Ex legionibus fabros deligit, et ex Continenti alios accersiri jubet,* disent les Commentaires. Le substantif *faber* s'applique, il est vrai, génériquement, à tous les industriels qui font œuvre du marteau; mais ici l'on ne saurait avoir en vue que les Charpentiers et les taillandiers. Nous pourrions même affirmer, sans en avoir d'autres preuves qu'une simple présomption, mais une présomption fondée sur l'industrie héréditaire des races humaines, qu'à l'époque où César appela des Charpentiers à son aide, il dut en venir beaucoup de la Hollande, où, depuis longtemps, l'homme disputait aux flots une terre qu'il finit par s'approprier. Deux fois le jour, disent les plus anciennes légendes, l'Océan s'élevait jusqu'au seuil des demeures en bois de ces aborigènes, qui, protégées par d'énormes pieux, semblaient autant d'habitations flottant sur les eaux; et quand ils en sortaient, c'était à l'aide de canots creusés de leurs propres mains..... La Charpenterie maritime, l'art de façonner des digues, de former des pilotis et de construire des vaisseaux n'a pas d'autre origine. Il fallait ici réunion constante de forces et de volontés pour maîtriser l'Océan; et nulle part la *gilde,* ou principe de mutualité, ne pouvait rencontrer une application plus directe. Vers le deuxième siècle de l'ère chrétienne, les Saxons, mêlés aux races germaines ou scandinaves, imprimèrent à la *gilde* la calme ténacité de leur persévérance; une marine indigène et une architecture sous-marine témoignèrent des progrès faits par la Charpenterie, le principe d'association, la Commune, en un mot, sembla se développer avec elle.

Au cinquième siècle, lorsque l'empire romain s'écroula sous le poids de sa propre grandeur, la Gaule architecturale, faite de granit, de marbre et de brique, au lieu de bois comme jadis, négligeait depuis longtemps les charpentes; ou plutôt, elle n'y recourait qu'en vue d'asseoir sur elles des constructions plus solides et plus durables. Mais quand l'idée, disons mieux, quand la possibilité d'exécution de travaux importants ne frappa plus les esprits préoccupés d'autre chose; quand, pour la société bouleversée, les jours se succédèrent sans un lendemain auquel on pût se fier, la Charpenterie recouvra toute son omnipotence. Elle domina l'architecture, la statuaire, la peinture. Aux coupoles, elle substitua ses arceaux; aux colonnades, ses hangars; aux murailles, ses madriers juxtaposés. Elle interpréta les besoins matériels des barbares, avec l'expression sauvage dont la civilisation l'avait dépouillée; et sur le sol de la Gaule, on vit renaître, si tant est qu'une époque puisse jamais ressusciter, un système de constructions analogues à celles des temps primitifs. C'est qu'effectivement les peuplades arrivées des bords du Danube et de la Vistule sentaient, pensaient, agissaient comme les peuplades qui les avaient précédées quatre siècles auparavant. Heureusement, le chaos social n'eut qu'un temps, qu'une heure dans l'immensité des heures. Les races conquérantes passèrent. Les populations agricoles, industrieuses s'établirent, se fondirent avec les indigènes, et bientôt la Charpenterie fut appelée à remplir de nouvelles obligations architecturales. Une religion, la religion du Christ, sauvegarde de l'humanité, grandissait par le monde. A cette religion il fallut des oratoires, des temples; il fallut qu'une cloche, hissée au sommet d'un clocher, conviât les fidèles à la prière, véritable banquet de l'âme. Eh bien! ces travaux, la Charpenterie les exécuta; car les premiers chrétiens n'étaient ni assez riches, ni assez sûrs de la tolérance administrative pour construire en pierres, avec somptuosité, des monuments dont l'existence ne fut souvent que transitoire. Les principales basiliques ont ainsi commencé. Au sixième siècle, presque toutes étaient encore en bois, *ligneis tabulis fabricata* (GREG. TURON., *Histor. Franc.*, lib. v), comme l'église de Saint-Martin, bâtie sur les remparts de Rouen, où se réfugièrent Mérowig et Brunehilde pour échapper au courroux de Frédégonde. « C'était, dit M. Augustin Thierry, une de ces basiliques de bois, communes alors dans toute la Gaule, et dont la construction élancée, les pilastres formés de plusieurs troncs d'arbre liés ensemble, et les arcades nécessairement aiguës à cause de la difficulté de cintrer avec de pareils matériaux, ont fourni, selon toute apparence, le type original du style à ogive, qui, plusieurs siècles après, fit invasion dans la grande architecture. » (*Récits mérovingiens*, 3e récit, an 576.) Le *mâl*, conseil, assemblée de justice, réuni par les rois ou par les comtes, se tenait sous des halles en bois (*mâl-berg* en vieux tudesque, *malbergum*, montagne du conseil); les palais des princes, des gouverneurs et des ducs étaient de bois, lorsqu'ils ne dataient pas d'une époque antérieure, à plus forte raison les palais épiscopaux, asiles de concorde et de paix, qu'une foi sauvage ne respectait cependant pas toujours; témoin ce que fit un duc neustrien, du nom de Rokkolen. Ce Rokkolen avait établi ses quartiers à Clermont, dans la demeure métropolitaine possédée hors de la ville par l'évêque Grégoire de Tours et son chapitre. N'osant rien tenter contre la ville, et voulant se venger du refus qu'on lui faisait de lui livrer l'Austrasien Gonthran-Bos, il démonta la maison, dont les pièces tenaient entre elles par des chevilles de fer (*domum ipsam quæ clavis adfixa erat, defixit*), et les soldats manceaux (*cenomannici*) qu'il traînait à sa suite emportèrent ces chevilles dans leurs havresacs de cuir, avec tous les objets qui tombèrent entre leurs mains. (GREG. TURON., *Hist. Franc.*, lib. v.) Ainsi, plus de doute à conserver sur le genre d'habitation des grands de la race mérovingienne; plus de doute sur l'intervention utile, indispensable des Charpentiers. Les termes de Grégoire de Tours sont positifs. Dans les récits des légendaires les plus anciens, l'expression *tentoria ex ligneis habitanda* ne saurait désigner autre chose que des maisons, des cabanes en charpente, couvertes en bois ou en chaume; et, comme elle se reproduit souvent, comme elle s'applique indifféremment à la demeure du patricien et du simple bourgeois, il faut en conclure qu'elle exprime, à de rares exceptions près, le genre d'habitation consacré par l'usage. Les demeures de luxe, qu'on ne construisait pas complétement en bois, s'implantaient sur le sol à l'aide de quatre solides poteaux qui formaient les quatre angles de la maison. A ces angles se rattachaient, par l'entre-croisement des madriers, les baies des portes et des fenêtres, et le vide que les madriers laissaient entre eux était rempli, selon les ressources du pays, tantôt avec de la terre mêlée de paille et de cailloux, tantôt avec de la glaise ou craie-tufeau, qui, ne s'affaissant pas sur elle-même, conservait une force de résistance beaucoup plus grande qu'on n'imagine. Il est évident qu'à de telles maisons le maçon n'avait absolument rien à faire; c'était tout à fait l'œuvre du Charpentier, de l'artiste en bois, *faber lignarius*. Les ruines des habitations gallo-romaines et des habitations d'une date postérieure, soit franques, soit germaines, présentent généralement une assez grande quantité de chevilles en fer longues de 12 à 15 centimètres, et qui n'ont pu servir qu'à joindre ensemble des pièces de bois : leur présence confirme donc nos hypothèses.

Lorsque l'incinération des cadavres cessa d'être une habitude exclusive et générale, certaines peuplades confièrent aux Charpentiers le soin de construire la dernière demeure de leurs pères. A chaque décès, la cognée retentissait dans la forêt, et l'arbre désigné d'avance, dépouillé de sa chevelure, grossièrement équarri, recevait la dépouille mortelle de celui qu'on allait porter en terre. Il y a peu de temps qu'on découvrit, sur la rive du Danube, un assez grand nombre de sépultures pratiquées ainsi dans toute la profondeur d'un tronc d'arbre scié en deux parties égales, et creusé comme un canot, symbole du voyage de l'âme humaine vers des régions inconnues. Peut-être cet usage cache-t-il des pensées éminemment philosophiques. C'est, du reste, l'idée rudimentaire de nos cercueils, moins la poésie attachée à la destinée de cet arbre, qui recueille dans son propre sein l'homme qu'il a nourri, abrité, protégé pendant sa vie.

Les historiens et les géographes, qui, tant de fois, ont recherché les limites des peuplades aborigènes de la Gaule, eussent fait chose plus utile s'ils avaient partagé nos contrées en zones d'industrie, et tâché d'établir les rapports qui ont dû exister, de tout temps, entre le sol et la nature du travail, entre l'organisation intime des races et leurs penchants. Dans ces temps reculés, comme dans nos phases contemporaines, ce sont les peuplades du versant oriental des Alpes, les Grisons, les Tyroliens, les habitants de Novare, Como, Bergame, Bremo, qui fournissent à toute l'Italie les plus habiles ouvriers en bois, Charpentiers,

menuisiers, charrons; de même que la France emprunte presque tous les
siens aux provinces voisines du Jura, des Vosges et du Rhin. Lorsque les Burgondes s'établirent à l'ouest du Jura, vers l'époque où les Goths envahirent
l'Aquitaine (cinquième siècle), les Burgondes travaillaient le bois et vivaient
déjà de cette honnête industrie. *Omnes ferè sunt fabri lignarii, et ex hâc arte
mercedum capientes semetipsos alunt.* (Socrates, *lib.* vii, c. 30, ap. *Script.
Franc.* I, 604.) L'habileté des Belges dans les ouvrages en bois, déjà reconnue du
temps des Romains, ne s'est pas démentie depuis. Cette tradition industrielle,
restée vivante, a traversé les âges, et si la Flandre et le Brabant n'avaient pas
transformé leur ancien aspect architectural, on lirait encore aujourd'hui sur le
front des édifices l'histoire manuelle du pays, l'application raisonnée des procédés de l'art aux matériaux fournis par le sol.

A la fin du sixième siècle, quelques études architectoniques, quelques efforts
tentés par de hautes intelligences pour améliorer la condition sociale des peuples,
agrandirent le domaine de la Charpenterie. On lui demanda d'élever, de superpo-
ser ses arcades; on la chargea de supporter des toitures en cuivre, et l'on joignit
à ces masses certains ornements sculptés, peints ou dorés. A mesure que les
colonies monastiques et agricoles de Saint-Benoît se multipliaient, la Charpenterie venait animer les déserts, et construire, au sein de forêts vierges, des maisons d'exploitation, autour desquelles se sont groupés depuis quantité d'habitants. Elle organisait des usines, des moulins à eau, si rares encore dans le
cinquième siècle, qu'un moulin de cette espèce, bâti sur l'Indre, par Ursus,
évêque de Cahors, excita l'admiration et la convoitise d'un favori d'Alaric, roi
des Wisigoths. Enfin, rien d'utile ne semblait demeurer étranger aux Charpentiers; et, bien que les machines de guerre ne fussent alors ni aussi multipliées,
ni peut-être aussi puissantes que du temps des Romains, ils ne laissaient pas
d'en construire et de les diriger, comme on le voit au siége de Comlinges
(*Convenœ*), par les généraux du roi Gonthrann, lors de l'entreprise malheureuse du prétendant Gondowald. (Greg. Turon., *Hist. Francor.*, *lib.* vii, 37.)

L'histoire, toujours prompte à recueillir le moindre geste d'un prince, traite
avec quelque dédain ces personnages obscurs, enfants du travail, qui ennoblis-
sent l'œuvre autant que l'œuvre les ennoblit. Elle n'a pour eux aucun souvenir,
aucune tablette où leur nom puisse prendre place. Cependant, par une exception
des plus heureuses et des plus rares, voici un Charpentier, simple ouvrier en
bois (*quidam faber lignarius*), qui trouve grâce devant l'oubli. Industriel honnête, esclave de sa conscience et du devoir, Modestus savait apprécier la vertu
et l'honorer, dès qu'il la rencontrait. Il habitait Soissons. Quand l'évêque Grégoire de Tours y vint pour se disculper des accusations infâmes accumulées
contre lui par le sous-diacre Rikulf, Modestus se mit à la tête du peuple indigné,
dont les murmures passionnés semblaient absoudre d'avance le saint évêque.
Un jour que Rikulf revenait du palais de Frédégonde, le front haut et l'air altier,

Modestus alla droit à lui : « Misérable ! s'écria-t-il, qui complotes avec tant
» d'acharnement contre ton évêque, ne ferais-tu pas mieux de lui demander
» pardon et de tâcher d'obtenir ta grâce? » Rikulf ne s'intimidait pas aisé-
ment. Il se sentait, d'ailleurs, protégé par une escorte de vassaux franks bien
armés qui n'entendaient pas le langage du Soissonnais. « En voilà un, reprit
» aussitôt, d'une voix forte (*voce magná*), le diacre imposteur, qui me conseille
» le silence pour que je n'aide pas à découvrir la vérité; voilà un ennemi de la
» reine, qui veut empêcher qu'on informe contre les criminels de lèse-majesté :
» saisissez-le! » Modestus fut arrêté, et l'on courut demander à la reine ce qu'il
faudrait en faire. « Frédégonde, dit Augustin Thierry, importunée peut-être
par les nouvelles qu'on lui apportait chaque jour de ce qui se disait par la ville,
eut un mouvement d'impatience qui la fit rentrer dans son caractère et se dépar-
tir de la mansuétude qu'elle avait observée jusque-là. » Par ses ordres, le mal-
heureux ouvrier fut soumis à la peine du fouet, puis on lui infligea d'autres
tortures, et enfin on le mit en prison avec les fers aux pieds et aux mains.
Modestus était un de ces hommes, peu rares alors, qui joignaient à une foi sans
bornes une imagination extatique; persuadé qu'il souffrait pour la cause de la
justice, il ne douta pas un instant que la toute-puissance divine n'intervînt pour
le délivrer. Vers minuit, deux soldats qui le gardaient s'endormirent, et aussitôt il se mit à prier de toute la ferveur de son âme, demandant à Dieu de le
visiter dans son malheur par la présence auprès de lui des saints évêques mar-
tyrs, Martin et Médard. Sa prière fut suivie d'un de ces faits étranges, mais
attestés, où la croyance du vieux temps voyait des miracles, et que la science
de nos jours a essayé d'expliquer en les attribuant au phénomène de l'état d'ex-
tase. Peut-être l'intime conviction d'avoir été exaucé procura-t-elle tout à coup
au prisonnier un surcroît extraordinaire de force et d'adresse, et comme un
nouveau sens plus subtil et plus puissant que les autres; peut-être n'y eut-il dans
sa délivrance qu'une suite de hasards heureux; mais, au dire d'un témoin, il
réussit à rompre ses fers, à ouvrir la porte et à s'évader. L'évêque Grégoire,
qui veillait cette nuit-là dans la basilique de Saint-Médard, le vit y entrer, à sa
grande surprise, et lui demander en pleurant sa bénédiction.

Quoi qu'il en soit d'un tel récit, l'effet de la délivrance de Modestus fut prodigieux. Il enhardit le peuple, il intimida la cour; il fit du simple Charpentier
gallo-romain un héros qui plus tard n'échappa sans doute point aux sanglantes
représailles de Frédégonde. L'assemblée judiciaire ou synode fut transférée
à Braine, tant la crainte d'un mouvement populaire en faveur du pieux évêque
devint grande, et cette fois, comme tant d'autres, la voix intelligente des
masses devança la voix solennelle de la justice et de la vérité.

Impossible aujourd'hui de préciser le mode d'organisation civile et la part d'indépendance sociale dévolue aux Charpentiers dans le haut moyen âge. Formaient-
ils une corporation distincte? Habitaient-ils un quartier déterminé? Leurs tra-

vaux étaient-ils réglés par la police? C'est probable, car l'ouragan terrible qui frappa les régions élevées de la société et qui en balaya les régions infimes sembla respecter, comme il arrive presque toujours, les points intermédiaires; de sorte qu'après des changements inouïs, après des superpositions de races, de mœurs et de croyances, nous nous retrouvons en présence des descendants directs de ces industriels Gallo-Romains, de cette grande classe travailleuse et honnête au sein de laquelle s'était réfugié le patriotisme. L'anecdote relative à Modestus fait connaître la part d'influence que les Charpentiers y conservaient.

Entre l'époque de Brunehilde et l'époque de Charlemagne, c'est-à-dire du sixième au huitième siècle, les établissements multipliés que faisait l'Église, l'organisation agricole d'une foule de domaines, les guerres éloignées et les grands mouvements de population qui rendaient si nécessaires les usines, les vaisseaux et les ponts, accrurent singulièrement les travaux de la Charpenterie. Les chartes d'alors parlent, à chaque instant, de moulins, de brasseries, de maisons d'exploitations fondées ou concédés, sans compter les églises, qui formaient la partie pittoresque du métier. Ainsi, rien d'étonnant qu'il se soit scindé; que des maîtres Charpentiers, sous la dénomination de *frères-pontifs*, aient été préposés à la construction des ponts et des digues; que les maîtres maçons aient partagé avec leurs collègues en Charpenterie le privilége d'élever les édifices, et qu'ils soient devenus, comme eux, des artistes civils et des artistes militaires.

La seconde expédition que fit Pépin-le-Bref contre Guaifres, duc d'Aquitaine, est un point des plus intéressants à étudier dans l'histoire de la Charpenterie militaire; car, sur les murailles, ou plutôt sur les rochers granitiques de Clermont (*Clarmons, Claromons*), se trouvèrent en présence, dans le cours de l'année 761, tout ce que les Auvergnats, ce peuple d'une intelligence si élevée, d'un patriotisme si ardent, avaient appris pour résister, et tout ce que les vieilles traditions romaines, rajeunies, complétées par les Sarrasins, avaient pu révéler au caractère belliqueux des Lombards. Pépin, ayant profité de l'expérience de ces derniers, traînait à sa suite des machines formidables, d'une science de combinaisons mathématiques et d'une énergie d'effets bien calculées, et dont les chroniqueurs contemporains parlent avec admiration. « C'étaient, dit Achille Allier, des poutres énormes qui, mises en mouvement par des leviers et des cordages, et roulant sur des cylindres, allaient heurter, de leur front de fer, les murailles étonnées; c'étaient de roides détentes qui lançaient au loin des traits armés de pointes aiguës, des blocs de pierre, des torches flambantes ou des grêles de cailloux. »

Quelque savant architecte, quelque maître Charpentier, ayant d'habiles ouvriers sous ses ordres, dirigeait ces gigantesques agents de destruction, et Pépin y comptait, car il savait qu'aucun lieu n'est inexpugnable avec le secours du courage et de l'art. (*Ancien Bourbonnais*, t. 1, p. 122.) D'autre part, les assiégés, défendus par l'escarpement naturel de leurs remparts, par l'expérience de siéges déjà soutenus et par les inspirations que suggère notre conservation personnelle, se montrèrent dignes de l'indépendance, pour laquelle ils combattaient. « Au traitement que le vainqueur fit subir à la ville, à ses défenseurs et aux habitants, on peut conjecturer, dit M. Ad. Michel, que la résistance fut longue et opiniâtre, et qu'elle ne céda qu'à la force destructive des machines perfectionnées que Pépin avait amenées avec lui. » (*Ancienne Auvergne*, t. I, p. 442.) Charlemagne ne dut pas davantage ménager ses ennemis dans sa lutte opiniâtre contre Didier, roi des Lombards. Il avait constamment autour de lui des ouvriers en bois, qui construisaient des machines, dans les loisirs que leur laissaient l'élévation des tours gardiennes du passage des fleuves et des routes et la construction de ses rendez-vous de chasse ou de ses fermes royales.

Sous un monarque tel que lui, dominé sans cesse par des velléités architecturales, la Charpenterie civile joua sans doute aussi un grand rôle, rôle d'autant plus important qu'on ne voûtait pas encore les églises, qu'on les revêtait d'un entablement plat fait ordinairement en bois de chêne, et que la plupart des clochers se construisaient avec des solives. Les édifices élevés au neuvième siècle ainsi qu'au dixième, loin d'offrir certaines conditions d'amélioration ou d'embellissement, furent d'un style plus barbare, d'une exécution moins soignée que ceux qui les avaient précédés. L'emploi du bois, témoignage sensible de misère et d'incertitude, l'emporta même de beaucoup sur celui de la pierre; et si les monuments de cette époque sont si rares, attribuons cela moins à leur défaut de solidité qu'au genre des matériaux employés pour les élever, aux flammes qui les ont dévorés tant de fois. Dans le neuvième siècle, beaucoup de châteaux forts étaient en bois; et c'est ce mode de construction qui accrut d'une manière si sensible la désolation de la France après l'invasion normande, car l'ennemi brûlait les forteresses qu'il ne pouvait forcer. Tel fut, en 886, au siége de Paris, le sort du château de Bois, placé sur le point où s'éleva depuis le petit Châtelet. Douze hommes le défendaient vigoureusement. Dans l'impossibilité d'y pénétrer, les farouches conquérants du Nord y mirent le feu.

Les formes de l'architecture byzantine, devenues plus hardies et plus sveltes à mesure qu'on avançait vers le douzième siècle, qui devait en offrir l'apogée, permirent à la Charpenterie de prendre un développement, une valeur artistique incontestables. L'intérieur des temples et des hôtels se meubla. Les plafonds devinrent plus élégants, les portes plus ornées. Des panneaux étendus, en bois de chêne ou de châtaignier, rehaussés de modillons et de figurines en demi-bosse, de pilastres et d'arcatures engagées, cachèrent la froide nudité des murailles. On construisit quantité de bahuts. Les jubés des églises se garnirent de stalles, comme les appartements de siéges, qui étaient auparavant très-rares. Des chapelles tout en bois, couronnées de clochetons, de tourelles, décorèrent l'abside ainsi que les nefs latérales des principaux sanctuaires, et les jeux d'orgues reçurent des buffets dignes d'eux. Or, tout cela était l'œuvre de la Charpenterie; car, bien qu'on distinguât déjà les ouvriers *en grand œuvre* des ouvriers *en menue œuvre,* équarrissage, taille, même sculpture opérée sur le bois, constituaient le domaine des industriels dont nous parlons. Aptes à beaucoup plus de choses que les Charpentiers de nos jours, géomètres, constructeurs, modeleurs, ce n'étaient donc pas seulement des ouvriers, mais de véritables artistes. Aujourd'hui tous leurs travaux s'exécutent dans un chantier, en plein air; jadis, au contraire, à côté du chantier se trouvaient les ateliers où chaque ouvrier s'occupait des travaux pour lesquels il montrait le plus d'aptitude. Toutefois, ce travail d'ensemble ne dépassa point certaines limites. On aima mieux, quand les exigences se multiplièrent, quand les besoins s'accrurent, isoler les unes des autres chaque industrie spéciale, même les industries qui se touchent. Cela n'empêcha pas les *maîtres jurés du métier* d'exercer leur contrôle, soit en ce qui concernait les édifices, soit en ce qui concernait la guerre.

Le célèbre abbé Suger, historiographe officiel du règne de Louis-le-Gros, témoin oculaire des faits qu'il raconte, ne laisse point ignorer l'influence prodigieuse qu'eurent les Charpentiers dans le siége des châteaux de Clermont et de Montferrand, qui terminèrent glorieusement pour Louis-le-Gros la première et la seconde expédition d'Auvergne (1121 et 1126). A Clermont, les Français, après avoir ravagé le pays, « dressèrent contre le donjon leurs terribles » machines de guerre. » Les dégâts occasionnés par le choc des pierres énormes qui ébréchaient les murailles et par une grêle incessante de traits lancés sur les remparts, forcèrent bientôt la faible garnison à se rendre à discrétion. « Cinq » années plus tard, dit ailleurs le même historien, les soldats chargés de défen- » dre Montferrand ne purent s'empêcher de trembler à l'aspect de cette mer- » veilleuse armée si supérieure à la leur. D'abord, ils hésitent; puis ils aban- » donnent les fortifications extérieures, que nous brûlons aussitôt... Du reste, » nous maintenions constamment en état l'appareil formidable de nos machines » et de nos instruments de guerre..... » (SUGER, *Vita Ludov. Grossi,* cap. XXI.) La plupart des annalistes du temps citent des faits analogues, on n'aurait que l'embarras du choix. Partout, dans l'attaque et la défense des places, se montre la coopération active des Charpentiers; et comme il n'existait encore aucune organisation spéciale pour le génie militaire, leur constitution industrielle dans les camps ne devait pas différer de ce qu'elle était dans les villes : il y avait là un déplacement de travaux, pas davantage.

A la fin du douzième siècle, la ruine des peuples ne permit plus guère aux princes de traîner à leur suite l'appareil de machines qui distinguait les armées des premiers rois carlovingiens. Ce fut une perte sensible pour les maîtres Charpentiers, dont beaucoup d'ateliers se fermèrent; et comme les constructions civiles étaient aussi devenues très-languissantes, on vit beaucoup de gens du métier s'enrôler, les uns dans les compagnies d'aventuriers, *Routiers*, *Cotte-reaux*, *Brabançons*, etc., qui ravageaient la France, les autres, en plus grand nombre, dans les milices locales chargées de leur résister.

En 1180 et 1182, ce fut un pauvre Charpentier du Puy (*arte Carpentarius, vultu abjectus, sed simplex et timoratus*), homme simple et débonnaire, d'une figure commune, nommé Durand, qui, dans une patriotique et sainte colère, frémissant à la vue des désordres du royaume, s'annonça comme l'envoyé de Dieu pour rétablir la paix. A cet effet, il représente, sur un morceau de parchemin, la Vierge et l'enfant Jésus avec cette légende : *Agnus Dei, qui tollis peccata mundi, dona nobis pacem;* il assure avoir reçu du ciel cette image et la montre aux villageois crédules, comme l'ordre de la mission qu'il veut accomplir. Aussitôt une confrérie s'organise; Durand parcourt les campagnes, prêche, exalte les imaginations de telle sorte que, en moins d'une année, 5,000 personnes répondent à son appel. Les *confrères de la paix de Notre-Dame, pacifiques ou jurés,* s'assemblèrent, pour la première fois, le jour de l'Assomption; ils comptaient, dans leurs rangs, des hommes et des femmes de toute condition, des évêques, des duchesses et de simples artisans. Ils portaient un capuchon ou chaperon blanc avec deux pointes, dont l'une retombait entre les deux épaules et l'autre sur la poitrine, ce qui les faisait appeler *capius, capuciati* ou *capu-chonnés;* ils avaient au cou une médaille de plomb ou d'étain à l'effigie de la Vierge et de l'enfant Jésus, avec l'inscription consacrée : *Agnus Dei, qui tollis peccata mundi, dona nobis pacem* (Agneau de Dieu, toi qui effaces les péchés du monde, donne-nous la paix). Leur force était dans le sentiment de la misère publique. Ils recrutèrent une armée. Le comte d'Auvergne et la noblesse du pays se mirent à leur tête. Philippe-Auguste lui-même envoya, dit-on, des hommes d'armes au secours des Confrères de la paix, et les Brabançons furent exter-minés. A côté d'un aussi éminent service rendu par un simple ouvrier en bois (*cuidam fabre lignario,* car l'abbé Robert emploie, pour le désigner, la même expression que Grégoire de Tours à l'égard de Modestus), pourquoi faut-il inscrire des abus, des désordes, une spéculation vile chez celui-là même qui venait d'aviver la société et de la relever à ses propres yeux? Il en fut puni cruellement; et la France soulevée, qui, dans cette sorte d'ébullition morale, s'était purgée d'une partie de son écume, rejeta l'autre en attaquant et disper-sant les chefs de la confrérie des Pacifiques. (*V.* la collection des *Historiens des Gaules,* t. XVII.)

Les croisades ont imprimé à la Charpenterie militaire, à la Charpenterie maritime, une impulsion remarquable. Quantité d'ateliers fermés depuis long-temps se rouvrirent. Beaucoup de gens du métier accompagnèrent les Croisés en Orient, et ce furent des Charpentiers qui construisirent ces énormes ma-chines qui d'un seul coup portaient des hommes armés sur les remparts des villes assiégées; mais après ces expéditions lointaines, presque toutes malheu-

reuses, l'art redevint languissant. Pour se relever, il attendit que les idées se
fussent rassises ; que les plaies du corps social, longtemps saignantes, se fussent
en partie cicatrisées, et que la bourgeoisie, devenue riche aux dépens de l'aristo-
cratie, qui avait été forcée d'engager, même d'aliéner ses plus beaux domaines,
commençât les constructions qu'un nouvel ordre de choses allait réclamer. Cette
halte dans le chaos devenait nécessaire. Quand l'esprit humain n'est point
distrait par un travail obligé, il se replie sur lui-même et réfléchit. Moins
occupées des affaires matérielles d'art et de métier, les classes ouvrières se
préoccupèrent de leurs affaires domestiques, de la portion d'influence et d'acti-
vité, qui devait leur être dévolue dans la société, et l'organisation des corporations d'industrie sembla marcher de front avec l'organisation communale.
Les *beffrois* de la Belgique et de toutes nos villes du nord, colosses de liberté,
procurèrent alors quelque aliment à la Charpenterie civile. Cependant elle ne
les construisit pas tous. On avait confiance dans l'établissement indéfini des
municipalités, et les communes riches voulaient que leurs beffrois fussent érigés en
pierres, comme un témoignage plus positif de force et de durée. En 1133, la ville
de Gand employa des moellons pour refaire le sien, qui était en bois auparavant.

À la fin du douzième siècle, tous les ouvriers des grandes villes qui travaillaient du tranchant sur le bois (qui *ouvraient du tranchant en merrien*) se
partageaient déjà en plusieurs communautés industrielles bien distinctes, savoir :
les Charpentiers proprement dits, scieurs de long ou équarrisseurs de madriers ;
les huchiers ou faiseurs de coffres ; les huissiers ou constructeurs de clôtures,
telles que portes et fenêtres ; les tonneliers ; les charrons ; les couvreurs, etc.
Chaque communauté, parfaitement indépendante des autres, avait ses priviléges, ses lois, ses traditions, ses usages, ses jurés, et s'administrait paternelle-
ment. La création d'un maître Charpentier du roi, placé au-dessus des jurés
de chaque communauté, fut comme un réseau jeté sur elles par le despotisme
ombrageux du monarque. Le peuple devenait fort ; il inquiétait le pouvoir. On
voulut s'immiscer dans ses affaires intimes, connaître les secrets, les ressources
de la grande famille industrielle, et sous la pompe d'un mot, sous le vernis de
l'honneur prétendu que la cour voulait faire à la classe industrielle, disparurent
beaucoup de libertés qui devaient lui être chères. Cependant, un avantage positif
naquit d'un tel acte, l'ordre légal ; et quand, plus tard, les parlements, ou les
princes eux-mêmes, eurent supprimé ces petits potentats de l'industrie, ceux-ci
laissèrent après eux des formules réglementaires qui constituèrent le code des artisans. Ainsi, pour ne parler que des *ouvriers du tranchant,* certain jour *maistre
Fouques du Temple,* qui avait été, mais qui n'était plus alors Charpentier du roi,
se rend au *Parloir-aux-Bourgeois.* Il y trouve le prévôt de Paris qui l'interroge
sur son ancienne juridiction. Un greffier minute chaque réponse avec soin, et
l'ensemble de la déposition, acceptée comme vraie, sous le sceau du serment,
devient pour l'avenir le statut réglementaire, la règle de la communauté. Fouques

n'a donc été que l'interprète, l'écho fidèle des us et coutumes consacrés par les prudhommes et chefs du métier, ses devanciers. De son côté le prévôt, avant d'innover, a cru plus sage d'attendre que l'expérience eût prononcé. Voici le texte fourni par Étienne Boileau, dans son célèbre *Livre des mestiers* :

« Ce sunt les ordonnances des mestres qui appartiennent à Charpenterie en la banlieue de Paris, aussi come mestre Fouques du Temple et ses devanciers l'ont usé et maintenu ou temps passé ; c'est à savoir : charpentiers, huichiers, huissiers, tonneliers, charrons, couvreurs de mesons, et toutes manières d'autres ouvriers qui ouvrent du trenchant en merrien.

» Premièrement, mestre Fouques du Temple dit quant le métier et la mestrie dudit métier de Charpenterie li fu donné, il fit jurer à touz les mestiers que il n'ouverroient au samedi depuis que nonne seroit sonné à Notre-Dame au gros saing, se ainsi n'estoit que il levassent, que il ne peussent lessier, ou que li huchiers eussent vendu huis ou fenestres pour bonnes gens clorre.

» *Item,* nus dudit mestier ne peut prendre aprentiz à moins de iiij ans, ne ne peut penre journée pour leurs apprentiz li première année fors que vj den. pour ses despens jusques au soir, ne ne peuent prendre ne avoir que un aprentiz ; ne ne peuent prendre autre aprentiz devant que ledit aprentiz premier sera en sa derreine année, se il n'est son fils ou son neveu, ou cil de sa fame nez par loial mariage.

» *Item,* ne huchier ne huissier ne peuent ne ne doivent faire ne trappe ne huis ne fenestre, sans gouions de fust ou de fer, par leurs serremens ; et se il estoit trouvé, il paieroit xx s. d'amende, x s. au roi, et x s. au mestre du mestier.

» *Item,* il ne peuent mettre en huche de quartier de fon, pièce refendue, se il n'est à la perclose.

» *Item,* ne ne peuvent ouvrer li charpentier, grossier, ne huchier, ne huissier, de nuiz, ce n'estoit pour le roi, ou pour la royne, ou pour les enfans, ou pour l'évesque de Paris. Et se nus estoit trouvés, il paieroit xx s. d'amende, x s. au roi et x s. au mestre du dit mestier et aus gardes que ou dit mestier doivent estre de par ledit mestre.

» *Item,* se ledit mestre Fouques ou son commandement trouvoit ouvrant au samedi puis nonne sonnée à Notre-Dame, au gros saing, charpentiers, ne huchiers, ne huissiers, il en pueit lever xii den., ou l'oustil de quoi cil ouverroit.

» *Item,* ledit mestre Fouques fist jurer aus charrons que il ne metroient nus essiaus en charète se il n'estoient aussi souffisans come il vorroient que on les leur meist se il estoient charetiers.

» Se justiçoient, au temps dudit Fouques et de ses devanciers, toutes manières d'ouvriers de trenchant, c'est à savoir tonneliers, cocheliers, feseurs de nez, tourneurs, lambroisseurs, recouvreurs de mesons, et toutes autres manières de ouvriers que à charpenterie appartiennent ; et estoit ainsi establi que se nus des ouvriers des mestiers dessusdiz fussent adjourné devant ledit mestre Fouques, et il defailloit de venir, il paieroit iiij deniers du deffaut de jour ; et pooit ledit mestre Fouques establir en chascun mestier un homme, quel que il voloit, pour garder ledit mestier, selonc ce que il est dit dessus pour raporter les forfaitures audit mestre.

» Et prenoit ledit mestre Fouques pour ses gages et pour la mestrie du mestier, xviij den. par jour ou Chastelet, et une robe de c. sols prise à la Toussaint. »

TRADUCTION.

« 1. Maître Fouques du Temple déclare qu'à l'époque où la maîtrise du métier de Charpenterie lui fut donnée, il fit jurer à tous les membres de la corporation de ne plus travailler désormais le samedi après que la grosse cloche de Notre-Dame aurait sonné *none ;* et qu'en cas d'exigence de la part du maître, les ouvriers quittassent l'atelier afin qu'on en pût fermer les portes et les fenêtres.

» 2. Nul apprenti ne sera engagé pour moins de quatre années. On n'exigera de lui que 6 deniers par jour la première année. On n'en aura qu'un à la fois ; et l'on n'en prendra un autre que quand le premier sera dans sa dernière année d'apprentissage, à moins qu'il ne soit son fils, son cousin ou celui de sa femme, né en loyal mariage.

» 3. Tout faiseur de coffres ou de portes ne fera jamais une trappe, une porte ou une fenêtre sans en tenir les planches assemblées à l'aide de chevilles en bois ou en fer ; et s'il arrivait qu'il y manquât, il payerait une amende de 20 sols dont 10 au roi et 10 au maître du métier.

» 4. Il ne doit employer pour le fond des coffres que des planches qui n'ont point servi et qui ne sont pas fendues.

» 5. Le Charpentier, le dégrossisseur, le faiseur de coffres et de portes ne travailleront la nuit que si c'est pour le service du roi, de la reine, des enfants de France ou de l'évêque de Paris. Et s'il arrivait qu'on y surprît l'un d'eux, il payerait 20 sols d'amende dont 10 au roi et 10 tant au maître qu'aux gardiens ou surveillants du métier.

» 6. Si maître Fouques ou son délégué trouvait quelqu'un travaillant le samedi depuis none sonnée à la grosse cloche de Notre-Dame, il saisirait l'outil de l'ouvrier ou lui imposerait une amende de 12 deniers.

» 7. Maître Fouques fit jurer aux charrons de n'employer que des essieux qu'ils trouveraient bons eux-mêmes s'ils étaient charretiers.

» 8. La juridiction de maître Fouques et de ses devanciers s'étendait sur quiconque travaillait du tranchant : tonneliers, charrons, fabricants de bateaux, tourneurs, lambrisseurs, couvreurs, et sur tels autres ouvriers qui sont du domaine de la charpente.

» Il était établi que tout ouvrier assigné par maître Fouques qui ne se rendrait pas à l'assignation payerait 4 deniers pour chaque jour de retard ; ledit maître

Fouques pouvait établir en chacun des métiers dépendant de la charpenterie un homme chargé d'en surveiller les membres.

Les gages de maître Fouques et les frais de maîtrise s'élevaient à 18 deniers par jour, touchés au Châtelet. Il recevait en outre, à la Toussaint, une robe ayant 100 sols de valeur.

Dans ce dispositif, il n'est pas question des maîtres jurés du métier, et cela se conçoit, car leurs priviléges avaient été depuis longtemps fixés par eux-mêmes sous l'autorisation du prévôt de Paris. La taxe de leurs arbitrages varia selon les époques. En 1293, ils percevaient deux sous sur chacune des parties quand ni l'une ni l'autre n'apportait d'entraves au prononcé. Dans le cas contraire, on était tenu de leur donner deux sols par jour. Lorsque le retard venait des arbitres, ils ne pouvaient exiger que deux sols une fois payés. C'est ce qui résulte d'une pièce publiée par M. Depping dans le *Livre des mestiers*, p. 373.

En province, c'étaient les baillis qui généralement remplaçaient le prévôt des marchands pour toutes les choses relatives aux maîtrises d'arts et métiers. Les registres de l'Echiquier de Rouen portent, à la date du 20 avril 1309, quelques articles d'un mandement de Philippe le Bel sur l'exercice de la charpenterie provinciale, qui compléteront notre exposé, puisqu'ils concernent l'une des principales villes du royaume, la première alors après Paris, sous le rapport industriel :

« Li bailli deffendront des orendroit aus *charpentiers* et aus *maçons* combien que il soient jurez le roy, que il ne facent *nulles euvres,* sanz ce que il l'aient premierement *nuncié au bailli,* et sanz son *commandement,* se nest d'estaier, ou semblable chose petite, pour oster peril si hastif, que il n'eussent pas espace de le montrer au bailli. Et se il le font autrement, li bailli ne leur compteront, ne les euvres, ne leur gages.

» Item. Li bailli ne feront nulles *nouvelles euvres,* ne ne soufferront estre faites pour le roy en leur baillies, se n'est dou commandement dou roy, ou de la court, et des euvres que il feront pour soustenance, ou pour necessité, il les verront avant, et feront veer, et les feront faire au moins de coust que il pourront, regardé le profit dou roy, et la condition de l'euvre. Et le merien qui sera necessaire pour lesdites euvres, il prendront es ventes par pris acoustumé et deu, et non par ailleurs es forés le roy. Et se il font autrement, on ne leur en comptera riens. »

Les maîtres charpentiers obtenaient autant de considération que les maîtres maçons, les maîtres sculpteurs, les maîtres peintres et les maîtres ciseleurs. Dans les cités importantes il y en avait ordinairement un qui était maître charpentier de la ville. Ce maître charpentier jouissait d'une exemption d'impôts et de divers priviléges. On lit, par exemple, au grand Cartulaire de Saint-Étienne de Bourges (f° 65 verso, année 1224), que *Charduns li Chapuis,* Chardon le charpentier, qui travaillait alors à la construction de cette église, sera exempté d'un impôt appelé la *mortaille*. Dans les villes du nord et du nord-est de la France, les charpentiers avaient certains *avantages de vivres, de charrois et de lumière*, indépendamment d'une solde fixe qui était à peu près la même partout. Une ordonnance du roi Jean Iᵉʳ, *du pénultième jour de fevrier* 1350, porte que les maîtres maçons, recouvreurs, tailleurs de pierres et charpentiers auront à Paris 26 deniers par journée, *depuis la Sainct-Martin d'hyver jusques à Pasques*, et 32 deniers *depuis Pasques jusques à la Sainct-Martin;* que leurs aides auront 16 deniers, *non plus;* et que, dans les petites villes, bourgs et villages, les salaires seront moindres. Souvent, lorsqu'un maître charpentier avait habité long-temps une grande ville, qu'il y avait rendu d'importants services, l'administration municipale lui allouait comme retraite une prébende ou une demi-prébende d'hôpital, c'est-à-dire le droit d'occuper une chambre à l'hospice, d'y recevoir tous les ans un habit neuf et chaque jour certaine portion de viande, de pain, de légumes et de vin. On pouvait aliéner les prébendes et jouir, partout où l'on voulait, du revenu de cette vente.

En Belgique, les charpentiers, *Timmerlindes, Timmermans,* organisés des premiers en corporations distinctes, tantôt isolément, tantôt unis à d'autres ouvriers en bois, jouissaient d'une haute considération. Déjà, dans le quatorzième siècle, ils constituaient une des cinquante-cinq corporations de la ville de Gand, ayant une bannière à l'effigie de saint Joseph et de saint Amand, un blason, un sceau et des méreaux ou jetons de présence pour les réunions de la communauté. Ils formaient également une des trente-deux corporations de Liége et l'un des vingt-trois métiers ou bannières de Maëstricht, où la municipalité leur avait adjoint tous les autres ouvriers en bois, excepté les menuisiers et les sculpteurs imagiers, classés à part. Dans les villes d'Ypres, de Tournai, de Mons et dans beaucoup d'autres petites localités, les charpentiers n'existaient pas plus isolément qu'à Maëstricht, quoiqu'ils eussent un système réglementaire spécial dont les ordonnances du quinzième siècle n'offrent que la confirmation. Ces ordonnances prescrivent les mesures à prendre pour la construction, la distribution des ateliers et pour la sûreté des travaux. Il est défendu au maître charpentier de se faire remplacer par un maître ouvrier, sauf les cas de maladie. Et chaque fois que le remplacement devra dépasser quinze jours, le maître charpentier payera une livre de cire au métier, à titre d'amende. Le nombre de compagnons et d'apprentis qu'on accordait aux charpentiers, même dans les petites villes, prouve la multiplicité de leurs travaux. Mais nulle part ils n'exécutaient des œuvres aussi importantes qu'à Anvers et Bruxelles, où la navigation maritime, la navigation intérieure, les constructions civiles, religieuses, militaires, les fêtes données aux souverains ou célébrées en l'honneur des corporations elles-mêmes, réclamaient toute l'industrie de ces artistes ouvriers. On cita, par exemple, la magnificence des tournois et des fêtes organisés à Bruxelles en 1374 pour célébrer la paix conclue à Braine-l'Allend, ainsi que l'entrée triomphale qu'y firent l'empereur Charles IV et Wenceslas, roi des Romains, le 30 novembre 1377, lorsqu'ils se rendaient en France, où des réceptions non moins splendides les attendaient.

De la distinction par catégories industrielles, par bannières et par blasons, à la distinction par le costume, il n'y avait qu'un pas, et l'on s'étonne de ne rien trouver de positif relativement au costume des corporations industrielles avant la fin du treizième siècle; encore les registres des villes en parlent-ils d'une manière très-vague. Nous y voyons seulement figurer des soudoyés, *soydoyés*, gens de métiers, charpentiers et autres, à cottes blanches, grises, noires, jaunes, bleues ou vertes, cottes faites de drap pour les chefs, et plus tard de velours et de soie dans les cérémonies d'apparat. Nous voyons aussi, par les mêmes registres, qu'après une expédition chaque ouvrier ou soldat recevait un vêtement neuf complet, comme cadeau de bienvenue. Un règlement des charpentiers de la ville de Gand, daté du quatorzième siècle, donne une idée fort juste de leur mode d'équipement militaire. Chaque homme, y est-il dit, portera un casque bronzé au blanc, une cuirasse ou une cotte, et une hausse de mailles, et deux gantelets de fer; ceux qui ne possèdent pas cet équipement pourront l'accepter de leurs confrères, pour l'honneur et la bonne apparence du métier. Tout charpentier qui, à la mi-carême, quand il s'agira de faire le guet, ne se présenterait pas armé de la sorte, serait passible d'une amende de xii gros qu'il devra payer avant de recommencer son travail.....

Mais, pour une époque de foi comme celle du moyen âge, c'eût été peu qu'une organisation légale limitée aux jouissances matérielles des biens de ce monde. Il fallait autre chose. L'Église l'avait admirablement compris. Et plus un art élevait l'âme, plus il permettait à la pensée de prendre un noble essor, plus il devenait urgent de le fixer par des habitudes religieuses. C'était le moyen d'empêcher ses égarements, de sanctifier son objet et de rendre l'homme meilleur. L'institution des confréries d'arts et métiers n'eut pas un autre but; et de toutes, celle des charpentiers fut l'une des plus véritablement pieuses. En France, cette confrérie existait déjà du temps de saint Louis. On voyait alors, dit une charte de confirmation, à Paris, *tout près de Saint-Julien-le-Vieux, dans la paroisse de Saint-Seve-rin,* certaine chapelle dite de Saint-Blaise où chaque année les confrères maçons et charpentiers réunis venaient apporter leurs offrandes et chanter leurs cantiques. Là, tout apprenti aspirant à la maîtrise construisait ou taillait son chef-d'œuvre, en présence des jurés, des marguilliers, et vouait au saint patron de la communauté ou à la Vierge ce travail important qui allait fixer sa destinée. Après une semblable initiation, faut-il s'étonner si la vie de l'ouvrier s'écoulait tranquille, non pas sans douleur, quelle existence humaine en est exempte? mais du moins dans le calme d'une conscience satisfaite, d'une conduite régulière et d'une religion sans orgueil? Pour l'ouvrier charpentier moralement inféodé à Saint-Seve-rin, les fêtes, les joies de l'Église devenaient ses joies et ses fêtes, d'autant mieux qu'on les célébrait avec une magnificence solennelle et qu'il y prenait part dans la sphère de ses attributions. Il en était de même ailleurs, à Agen, à Toulouse, à Marseille, etc., dans la Belgique, la Flandre, l'Alsace et la Suisse. Partout une confrérie, partout un patron, partout l'ennoblissement de l'œuvre par la prière. Ne soyons pas étonnés après cela qu'une sainte sans cesse occupée de la moralisation des classes pauvres, qu'une sainte qui réforma les religieuses claristes avec une résolution admirable et un succès surprenant, que Nicole Boillet enfin, connue en religion sous le nom de sainte Colette, morte à Gand, le 6 mars 1447, soit née fille d'un charpentier picard de la ville de Corbie. La maison paternelle devint sa première école, et ce ne fut point une œuvre d'ascétisme qu'elle accomplit, ce fut une œuvre de civilisation, une prédication permanente appuyée sur la force de l'exemple.

Tant qu'a duré le moyen âge, les charpentiers ont eu la direction d'une infinité de travaux qui sont aujourd'hui du ressort de l'architecture, du génie civil, militaire et maritime. Des villes presque entières, merveilles d'art et d'audace, sont sorties de leurs mains. Et quand les maîtres maçons leur ont enlevé une partie des attributions qu'ils s'étaient données, il leur en est encore resté bien assez pour seconder le mouvement artistique de l'époque. Indépendamment d'un nombre considérable de maisons en bois à pignons sculptés qui faisaient, et qui, dans quelques villes allemandes, font encore la gloire de la charpenterie, on citait, parmi ses œuvres les plus notables, une salle du *Logis du Roy*, à Bourges, qui avait 52 mètres de longueur, 20 mètres de largeur et 20 mètres de hauteur, sans qu'aucun pilier, aucun plâtrage en masquât la magnifique ordonnance. Elle était en bois de châtaignier. On citait également à Paris le jubé de Saint-Paul, le jubé des Billettes, et quantité d'escaliers dont l'exécution svelte et hardie dépendait de l'exiguïté des habitations, et de l'obligation où l'on s'est toujours trouvé de ménager le terrain dans les grands centres commerciaux. Le clocher de la Sainte-Chapelle, élevé au treizième siècle, quelque temps après le grand comble, passait pour un chef-d'œuvre de charpenterie; mais l'exécution en était mauvaise, le dessin seul était irréprochable. Figurez-vous une charpenterie pendante, portant à faux sur ses abouts et enrayures; clocher en cul-de-lampe, ayant pour soutiens les maîtresses formes du comble, au lieu de s'appuyer sur des tirants, comme aux autres églises. Beaucoup de ponts mériteraient d'être cités comme œuvres de charpenterie remarquables; ils appartiennent la plupart à une corporation spéciale dite frères *pontifes,* qui du temps de Varron existait déjà sous une autre dénomination. Ces frères pontifes, véritables ingénieurs maritimes, formaient une confrérie respectable, composée en grande partie de charpentiers et d'ouvriers en fer ou *febvres.* Ils voyageaient, ils plantaient leur bannière où les appelaient leurs travaux, et concluaient ordinairement des marchés à forfait avec les souverains et les municipalités. On donnait aux frères pontifes l'autorisation d'abattre tant de solives dans tel bois, et moyennant cette concession, ils fabriquaient à leurs risques et périls le pont convenu. Pendant longtemps, tous les frères pontifes vinrent d'Italie ; mais vers le douzième siècle il se forma en Allemagne une société semblable qui exploita le nord de l'Europe, où d'affreux débordements lui fournissaient chaque année des travaux multipliés.

L'entrée solennelle de la reine Isabeau de Bavière à Paris, qui eut lieu le 20 juin 1380, doit marquer dans les annales de la charpenterie, car en aucune époque de notre histoire on n'avait fait d'aussi somptueux préparatifs, et jamais peut-être les industriels qui *ouvrent du tranchant* ne s'étaient vus chargés de décors aussi féeriques.

A Paris, indépendamment du *maistre charpentier* de la ville, à qui était confiée la direction de ses travaux, il y avait douze *charpentiers jurés* chargés de la police du métier : semblable chose existait dans toutes les villes bien organisées. Des *lettres de Charles V* pour l'administration de la ville de Douai, datées de l'année 1366, portent que « *le maistre charpentier et le maistre architecte de* » ladicte ville demourront à pension cascun de sese libres parisis l'an , pour pren- » dre garde aux ouvrages de ladicte ville, tant de nos maisons et chasteaux, » comme apuis, pons, portes, chaussiés, ventelles, fossés et pavés de ladicte » ville. » Les grandes villes belges, les villes de la France orientale, la plupart des cités du Midi avaient établi un conseil industriel formé du *maistre et six,* ou *huit,* ou *douze des charpentiers,* selon l'importance de la localité, conseil qui agissait presque sans contrôle de la part de l'autorité urbaine.

Au mois de février 1404, d'après les observations *des maistres et jurez or- donnez sur le fait des mestiers de maçonnerie et charpenterie, en la bonne ville, prevosté et viconté de Paris,* Charles VI, ne voulant rien changer à un usage établi de temps immémorial, ayant d'ailleurs toute confiance en des indus- triels *creez pour le bien et utilité de la chose publique et de la decoration* de la capitale, *industriels des plus notables et experts en l'experience, operacion et exercice desdiz mestiers* , il les confirma dans la prérogative de pourvoir par eux-mêmes à leur remplacement dans *l'office de juré,* quand un de ces offices deviendrait vacant.

Quant au salaire, bien qu'il fût légalement fixé, il variait selon les circon- stances et les localités. Une grande guerre, une épidémie faisaient hausser immé- diatement le prix de la main-d'œuvre, et il était rare qu'après ces circonstances il reprît l'ancien niveau. En 1368, pour le midi de la France, la journée du maître charpentier et du maître maçon était, dans les plus grands jours, de 2 sous (2 fr. 50 c.); le quintal de *fer ouvré* (travaillé) valait 40 sous (50 fr.). En Alsace, en Lorraine, c'était, à peu de chose près, le même tarif. A Paris, on payait la journée d'ouvrier un cinquième en sus. Cinquante années plus tard, les choses avaient déjà bien changé.

C'est le cas de dire ici quelques mots du blason des charpentiers, considéré sous le double rapport du caractère professionnel et du caractère individuel. « Pour ce que les bourgeois, dit le président Fauchet, avoient aussi des mar-

» ques familières, bien que communément il ne leur fust pas permis d'en porter
» en leurs écus de pareilles aux nobles; ains il y en avoit qui remarquoient
» leur état, comme une *hache pour un charpentier*, des ciseaux pour un tail-
» leur, et pour noms des sobriquets pris de leurs défauts, arts, vacations et
» païs... » (*Origines des armoiries*, ch. 2.) Ces remarques sont de la plus judi-
cieuse exactitude. Les gens de métier eurent leur blason comme les nobles,
blason composé des attributs ordinaires de la profession; et plus tard, quand la
fortune des roturiers et la ruine des gentilshommes eurent rapproché les distances, quand les vilains s'allièrent avec les nobles, on vit apparaître des blasons
mixtes qui témoignèrent de cette union. Tantôt les pièces nobles et roturières
se trouvaient mêlées, tantôt elles étaient écartelées. C'est ainsi qu'une des plus
illustres familles de France porta d'une part *deux épées d'argent mises en sau-
toir au champ de gueule*, souvenir glorieux de services éminents rendus par
ses premiers ancêtres dans les plaines de la Palestine; et d'autre part, *une hache
tombant de taillant sur une barre de bois échiquetée*, avec ces mots pour devise :
Sine labor nihil. C'était l'alliance de l'ouvrier à grande cognée devenu riche avec
le seigneur devenu pauvre.

L'usage de la poudre fut pour les charpentiers une importante occasion d'être
utiles. On les chargea de construire les diverses machines nées du nouveau système, et leur manœuvre les regarda presque seuls. L'une des plus remarquables
de ces machines, la *griète*, lançait des pierres d'un volume prodigieux, et ses
explosions se faisaient entendre à deux lieues. On la chargeait de poudre, puis
vingt hommes l'approchaient des murailles où des bataillons qu'on voulait dé-
truire, et ils y mettaient le feu, non sans danger pour eux-mêmes.

On a déjà pressenti le profond changement qu'allait apporter cette époque dans
toutes les parties dont se composait l'art de la charpenterie : charpenterie dra-
matique, charpenterie architecturale, charpenterie maritime, charpenterie militaire, charpenterie domestique, chacune allait prendre sa place appropriée ;
celles-ci s'engloutir dans un plus vaste système, celles-là grandir et s'élever aux
proportions d'une science. Le charpentier instruit, agissant par la pensée plutôt
que par la force musculaire, deviendra ingénieur ou architecte; l'homme médiocre restera ouvrier charpentier, appelé à traduire d'une manière plus ou
moins heureuse la pensée d'autrui. Nous allons voir, au reste, sous l'empire de
quelles réjouissances, de quelle méditation et de quelles pompes l'art se trans-
forma dans les différentes parties du royaume.

A Gênes, à Pavie, à Milan, villes devenues momentanément françaises et d'où
la péninsule italienne tirait ses meilleurs charpentiers, comme la France tirait la
plupart des siens des provinces du Nord, on eût dit, lorsque Louis XII y fut reçu
(1502, 1506, 1507), que les ouvriers en bois, les *ouvriers à grande coignée*,
voulaient rivaliser avec ceux qui construisaient des palais de marbre. Jamais tant
d'efforts pour séduire l'imagination, pour captiver les yeux et charmer un vain-

queur n'avaient été couronnés d'autant de succès. A Gênes, le long de la Grand'-
rue, depuis la porte Saint-Thomas jusqu'au dôme, c'était une suite non inter-
rompue d'orangers et de citronniers dont les branches entrelacées formaient un
berceau verdoyant semé de pommes d'or, et dont le pied était décoré de magni-
fiques tapisseries; en dehors de la ville, devant le palais destiné à Louis XII,
*estoit un portail fait de toile; bien haut et somptueusement ouvré à ronds
piliers bien arcelez, et tous faits à feuillages, selon la mode lombarde, tant
magistralement composé, que il sembloit estre réellement de pierre de taille.* Et
tout joignant se trouvait une maison de bois, véritable palais qu'on venait de
construire exprès pour le cardinal d'Amboise. Quatre années après, lorsque les
Génois révoltés furent obligés d'accepter un pardon, ce fut du haut d'un gigan-
tesque échafaudage construit *dedans la grande cour du palais* que les seigneurs
génois respectueusement inclinés firent au roi de France *le serment de fidélité
en baisant la patenne et mettant les mains sur les Évangiles;* triste mission
d'avoir à construire ainsi le piédestal de sa propre honte! Mais bientôt ces mêmes
charpentiers se lavèrent de leur tache en travaillant à lancer sur les mers des
vaisseaux où devait se réfugier la liberté ligurienne.

Au commencement du seizième siècle, bien que la charpenterie eût abdiqué
en faveur de l'architecture la part d'illustration poétique qui lui revenait dans la
construction des grands édifices, plusieurs charpentiers français jouissaient encore
d'une haute renommée. On citait, entre autres, Muquet, maître charpentier d'Or-
léans, qui fut l'un des artistes consultés par le chapitre de Bourges pour arrêter
le plan d'après lequel serait reconstruite la tour principale de son église ; Bernard
Chapuzet, payé à Bourges sur le pied de 6 sous 8 deniers par jour, tandis que
l'architecte Pelvoisin ne recevait que 5 sols ; à Metz, *maistre Petit Jehan, l'un
des grands ouvriers que l'on sceust trouver,* charpentier de la cathédrale et de
la cité. Il construisit, façonna les stalles, les portes et *portières,* le buffet des
grandes orgues, la chaire à prêcher, les bahuts de la sacristie, et tant d'autres
ouvrages qu'embellissait le ciseau. Jehan de France, employé dans différentes
villes, vers le milieu du seizième siècle, sur le pied de 8 à 10 sous par jour, était
aussi un charpentier distingué, moins estimé toutefois que les architectes qui
recevaient alors 15 à 16 sous d'émoluments. L'art pratique, l'art usuel appliqué
aux besoins de l'industrie, prenait aussi du développement. Maistre François du
Temple, curé de Méy, dans le pays messin, l'inventeur des moulins à rodet ou
à cuveau, *grand géométricien et d'un subtil engien sur tous les hommes que l'on
vit oncques, et en tous arts, tant en maçonnerie comme en charpenterie,* n'a
pas encore trouvé place parmi les célébrités de l'époque, et cependant il le mérite
à plus d'un titre. On venait le consulter de tous les points de la Lorraine, même
de l'Allemagne. Ses idées, essentiellement pratiques, se tournaient vers l'utile.

L'utile, l'intérêt, la gloire, mots non moins magiques que la baguette d'Ar-
mide, enfantaient alors des merveilles. C'étaient eux qui faisaient retentir la

cognéc aux sommités vosgiennes, demeurées inexplorées depuis l'enfance du monde. C'était pour eux que descendaient, le long de la Moselle, de la Meuse et du Rhin, les trains de planches et de madriers appelés *voiles* dont les chroniqueurs signalent le passage. Et sur ces radeaux voyageaient des familles entières de charpentiers qu'appelait la Hollande. Une émigration considérable d'ouvriers en bois, bourguignons, francs-comtois, lorrains, s'opéra de la sorte dans les premières années du seizième siècle, à l'avantage des Provinces-Unies. Cette fois, comme tant d'autres fois, la France, mère féconde en hommes et en produits territoriaux, *magna parens virumque frugumque*, fournit abondamment à ses rivaux des bras, des instruments et des armes qu'elle n'utilisait point pour elle-même. Aux émigrations françaises se joignirent aussi beaucoup d'émigrations allemandes, et cela se conçoit quand on songe au grand nombre de gens de métiers, maçons, charpentiers, menuisiers, sculpteurs et peintres, que la réforme religieuse mettait sur le pavé, notamment en Allemagne. L'interruption spontanée des travaux d'église obligeait la classe ouvrière à chercher d'autres chantiers. Heureusement pour elle, le nouveau monde venait d'offrir ses trésors au monde ancien ; et l'industrie des charpentiers se reportait sur les maisons flottantes qui par milliers allaient sillonner les mers.

A cette époque, *les maistres des œuvres de charpenterie*, complétement déchus du privilége exclusif d'organiser les fêtes, devaient se contenter des *gros ouvraiges,* tels qu'échafauds, ponts, estrades, etc., et de *faire accoustrer bois de mosle et traverse et autre denrée en forme de pyramide*, pour feux de joie. Déjà, en 1547, les échevins de Paris ayant à préparer un grand festival, ne s'étaient plus bornés aux conseils des charpentiers et des peintres ; ils avaient appelé des *inventeurs et gens de bon esprit pour composer et adviser ausdits mystères.* En 1571, il y eut encore progrès. Le goût s'épuisait. Ce furent les poëtes Ronsard et Dorat *qui ordonnèrent pour la plupart de toutes les inventions et mystères pratiqués à l'entrée de la reine Elisabeth.*

Sans avoir encore pris le pas sur *le maistre charpentier*, *le maistre ou capitaine de l'artillerie* partageait avec lui l'honneur insigne d'être mandé, dans les circonstances solennelles, *par le prevost des marchands*, et de recevoir de sa bouche les ordres du roi. Il dirigeait les salves d'artillerie sur la place de Grève, composait les *galanteries d'artifices*, *pétards*, *fusées et lances à feu*, mais son attitude n'était pas complétement indépendante du maître charpentier et du maître maçon. Aussi, dans les cérémonies publiques, ces trois artistes, regardés comme égaux en mérite, marchaient-ils sur la même ligne, *eux trois d'un rang, vestus de casaques de veloux noir passementées d'argent, et pourpoints de satin rouge cramoisy.* Ils suivaient les corps de métiers et précédaient les échevins de l'hôtel de ville.

Le nouveau système d'attaque des places, depuis qu'on se servait du canon, ayant fait comprendre la nécessité de laisser les fortifications à découvert et même de changer leurs dispositions, la charpenterie, sur bien des points, ne marcha qu'au milieu des ruines. Elle étançonnait les édifices dont on sciait les piliers pour les abattre à la dernière extrémité : elle construisait de madriers, de fascines et de terre des remparts préférables aux murailles, et devenait encore, comme elle l'avait été du temps de César, la providence des villes assiégées. La mémorable résistance de Metz aux armes de Charles-Quint, l'investissement de Bruxelles après la malheureuse bataille de Gembloux ont montré tout le parti qu'il était possible de tirer des charpentiers dans l'art d'attaquer et défendre les places.

Sous Louis XIV, beau règne où tout fut grand, même le vice, la charpenterie, d'indécise qu'elle avait été longtemps entre plusieurs traditions respectables, prit une attitude ferme, décidée, en harmonie avec les exigences architecturales. Du palais des rois, où elle suspendit hardiment des cages d'escalier d'une pente douce et commode, elle passait au théâtre, édifices nouveaux, construits presque tout à fait en bois, et qui semblaient remplacer pour elle, dans un ordre d'idées bien différent, les inspirations élevées que ne lui offraient plus les églises depuis qu'elles avaient changé de caractère. Au théâtre, la charpenterie fut elle-même, cheminant appuyée sur l'illusion, vivant d'une vie tout idéale, et néanmoins servant de point d'appui au compositeur, qui n'eût rien fait sans elle.

La *couverture* de la salle de comédie du palais Richelieu a mérité, dit Sauval, l'admiration non-seulement des charpentiers, mais encore de tous les curieux. C'était une mansarde revêtue de plomb, posée sur une charpente très-légère, et particulièrement sur huit poutres de chêne, ayant chacune deux pieds en carré sur dix toises de longueur. « Jamais, continue le même historien, on n'avoit vu, ni lu, ni ouï parler de poutres de chêne d'une longueur si extraordinaire et si prodigieuse : les plus grandes que les charpentiers avoient employées jusqu'alors ne portoient que trente à trente-cinq pièces de bois, tandis que celles-ci en portoient quatre-vingts. Aussi les charpentiers ayant entendu dire qu'on fouilloit dans toutes les forêts royales pour découvrir huit chênes de vingt toises de haut chacun, ils se prirent à rire, et assurèrent que c'étoit chercher l'impossible. Aussi furent-ils bien étonnés de les voir, et d'apprendre qu'on les avoit taillés dans les forêts royales de Moulins, et que, pour les amener, on avoit déboursé près de huit mille livres. Depuis la mort du cardinal, on les a chargés de planches et d'appartemens qui en ont rompu quelques-uns. » (Sauval, II, p. 163.) Beaucoup d'autres édifices du même genre ont été construits avec bonheur par les charpentiers, secondés du plâtrier et du stucateur ; et dans les cas où l'architecte prenait l'initiative et la direction des travaux, il arrivait toujours un point où le charpentier lui devenait indispensable : c'était la disposition du théâtre et des coulisses, le jeu des cordages et des machines.

Le grand siècle, qui a compté tant d'illustrations de tout genre, s'est à peine préoccupé des efforts d'une classe d'industriels auxquels on n'abandonnait plus que la construction, devenue lourde et massive, des toitures et des escaliers, ou celle, non moins utile, mais peu brillante, des usines, qui se multipliaient avec le luxe et les besoins. Cependant la Belgique cite honorablement le charpentier Josse Heymans, auteur d'une partie de la charpente de la maison commune de Bruxelles ; la France peut, au même titre, citer Franqueville, maître charpentier de Paris ; mais nul n'égala le père Coton, aussi digne de sa renommée dans son genre que Perrault dans le sien.

Les changements qui s'étaient effectués dans les mœurs et les usages avaient nécessité plusieurs fois la révision des *statuts* de la corporation des charpentiers de Paris. Au mois de juin 1467, Louis XI s'était contenté d'approuver le dispositif de 1454 ; au mois de mars 1557, Henri II y avait ajouté quelques articles d'une médiocre importance. Les modifications apportées par Charles IX, au mois d'octobre 1570, n'offraient pas non plus une législation différente de celle consacrée par l'usage ; et comme les termes des vieux règlements présentaient un sens souvent très-ambigu, comme il n'existait pas de distinction nettement tranchée entre les *ouvriers en menus ovreiges de charpenterie* et les *ouvriers en gros ovreiges,* chaque jour naissaient de nouvelles contestations et de nouveaux procès. Tantôt c'étaient les maçons qui empiétaient sur les droits des charpentiers, tantôt c'étaient les huchiers ou menuisiers. Les charpentiers ne cédaient pas ; il leur arrivait même quelquefois d'exagérer l'étendue de leurs prérogatives, et les tribunaux se voyaient appelés à prononcer dans des débats qui ne semblent rien aujourd'hui, et qui jadis prenaient quelquefois des proportions inquiétantes pour la sécurité publique. A défaut d'ordonnances royales, le parlement de Paris et divers parlements de France avaient prononcé plusieurs arrêts pour réglementer la matière, lorsque enfin, conformément à une enquête du sieur Haranger, le conseil privé du roi eut fixé la jurisprudence relative au métier de charpenterie, dont les statuts furent arrêtés, en 51 articles, le 11 septembre 1648.

D'après ces statuts, la compagnie dut avoir désormais pour administrateurs : 1° un *doyen*, le plus ancien des maîtres, pourvu qu'il fût d'une conduite irréprochable ; 2° un *syndic*, nommé chaque deux ans, le lendemain de la fête de saint Joseph, à la pluralité des voix des maîtres jurés ; et enfin douze jurés, choisis parmi les maîtres. La maison du doyen, à défaut d'une maison commune, comme en Belgique, servit de lieu d'assemblée. Au doyen était réservé de *tenir le premier rang en toutes assemblées, de donner le premier son avis sur toutes les propositions du syndic,* tenant lieu de ministère public, et de réprimander les maîtres ou les apprentis chaque fois qu'il en était besoin. En cas de malversation, d'inconduite ou d'intrigues préjudiciables au métier, de la part du doyen, celui des maîtres qui venait après lui dans l'ordre de réception le remplaçait. Quant au syndic, on pouvait également le remplacer avant l'expiration des deux années de sa gestion, et chaque maître, sous peine de 6 livres d'amende, était tenu de se trouver à la maison du doyen pour procéder, au jour indiqué, à cette réélection. Le doyen, ou, à son défaut, le syndic, tenait registre exact des délibérations de la compagnie, et nul maître ne pouvait se dispenser d'y prendre part, sous peine de 3 livres d'amende. En quittant ses fonctions, le syndic devait rendre compte à son successeur des deniers dont il était dépositaire, car lui seul gardait la bourse commune; et s'il arrivait qu'il fût à découvert d'une somme même considérable, le syndic nouveau la lui restituait pour éviter toute contestation.

Nul ne pouvait être reçu *maître charpentier de la ville, prévosté* et vicomté de Paris s'il n'était d'origine française ou naturalisé, et s'il n'avait produit les preuves d'une bonne conduite et d'une grande moralité. On exigeait, en outre, de l'aspirant à la maîtrise, qu'après l'apprentissage ordinaire de six années, il travaillât trois mois chez l'un des jurés et trois autres mois chez l'un des anciens du métier, sous la condition, bien entendu, qu'on le payerait de ses peines, usage qui était déjà prescrit dans l'ordonnance de 1454. Ce stage terminé, le maître faisait son rapport, et s'il était jugé favorable par les jurés du métier, on l'autorisait à leur présenter le candidat, qui traçait, *sur un carton*, un *trait géométrique*, c'est-à-dire qu'il formait une *épure*. Cette épure, signée, paraphée des membres présents, confiée au syndic, *pour éviter les abus que quelques artificieux pourroient adroitement causer*, devenait l'objet d'un examen sérieux, qui se faisait après une convocation spéciale pour décider l'admission ou l'ajournement du candidat. L'épure ne lui était pas rendue; on la conservait aux archives. Quand la décision du jury d'examen avait un sens favorable, le maître présentateur demandait que son apprenti fût appelé à faire le chef-d'œuvre exigé. Chacun des jurés opinait, et l'autorisation se donnait ou se refusait à la pluralité des voix. Le chef-d'œuvre devait être exécuté par le candidat lui-même, chez l'un des maîtres jurés, d'après l'ordre de réception de ces derniers, afin d'éviter tout soupçon de préférence ou de partialité. Le chef-d'œuvre admis, avis en était donné au procureur du roi près le Châtelet, qui prenait les droits du fisc. Le récipiendaire versait, en outre, dix francs dans la caisse du syndic pour subvenir aux besoins de la compagnie, dix autres francs dans le tronc de la confrérie, puis il prêtait serment entre les mains du procureur, et on lui expédiait les lettres de maîtrise, où se trouvaient indiqués, d'après leur ordre de réception, les noms des jurés qui avaient pris part à l'examen. Ces jurés n'y assistaient pas seuls : douze maîtres charpentiers de la ville, convoqués par eux, leur servaient d'assesseurs. On suivait absolument la même marche à l'égard des fils de maîtres; et comme des réceptions frauduleuses avaient eu lieu, on exigeait du candidat le certificat notarié de son apprentissage. Les ouvriers de la province n'étaient admis au chef-d'œuvre, quel que fût d'ailleurs le temps de leur apprentissage, qu'après avoir travaillé pendant quatre ans chez l'un des maîtres de la capitale.

Toutes les ordonnances antérieures, tous les priviléges exceptionnels furent abrogés. Dans la question des apprentis, les maîtres jurés n'eurent pas plus de droits que les simples maîtres, car c'eût été favoriser l'industrie des uns aux dépens des autres. Même, pour éviter toute espèce d'abus à cet égard, l'ordonnance de 1649 enjoignit à chaque maître l'obligation formelle d'envoyer, trois jours après sa signification, au syndic de la communauté, les noms, surnoms, âge et date d'apprentissage de leurs jeunes ouvriers, pour qu'il en fût pris note sur le registre, sous peine de cinquante livres d'amende, dont moitié au profit du fisc, et l'autre moitié au profit de la communauté.

Cependant une question morale d'un ordre supérieur, l'*assistance*, introduisait, malgré les intentions du législateur, un principe d'inégalité dans l'apprentissage et dans le produit ; pour subvenir, en cas de nécessité, aux besoins de la famille, et fortifier des liens qui ne peuvent être trop solides, car la famille c'est l'État, on avait arrêté que les petits-enfants, les neveux, même les cousins germains des maîtres pourraient devenir leurs apprentis. Il est vrai que bien souvent cet accroissement dans le nombre des apprentis témoignait une charge. En somme, la société gagnait beaucoup à la consécration de ce principe d'assistance, et le métier y trouvait une source de considération.

Les *vallets* des maîtres ne pouvaient en rien se substituer à eux. Le moindre empiétement de leur part devenait l'objet d'une répression aussi prompte que sévère ; on allait jusqu'à leur infliger une amende de trente livres, jusqu'à la confiscation de leurs outils, et des punitions plus rigoureuses encore étaient abandonnées au pouvoir discrétionnaire du procureur au Châtelet. Cinq cents livres d'amende frappaient le maître qui eût autorisé, appuyé de son nom ou de son crédit les entreprises des *vallets*. Ces derniers pouvaient néanmoins travailler chez les bourgeois qui leur en adressaient la demande ; mais les bourgeois devaient les fournir de matériaux, d'outils, et les nourrir ; de leur côté, les vallets étaient tenus d'en faire la déclaration au syndic, faute de quoi, confiscation de l'œuvre et amende de vingt livres, sans jugement préalable, sur la simple déclaration du procureur au Châtelet.

Pour être juré du métier, il ne suffisait pas d'avoir le titre de maître : il fallait encore prouver qu'on avait passé par toutes les épreuves, qu'on exerçait depuis cinq années, qu'on avait fourni des preuves non contestables de capacité. Le lieu d'assemblée du jury d'examen s'appelait l'*Écritoire*. Là se trouvait, en un tableau, la liste exacte des jurés et des maîtres. Semblable liste était affichée dans la chambre du présidial au Châtelet, et une autre dans le greffe du parlement de Paris. Les jurés seuls pouvaient visiter, toiser, estimer les ouvrages, débattre les intérêts respectifs des parties. Du consentement même de ces dernières, un simple maître n'eût pas été autorisé à intervenir, et défense était faite aux juges d'avoir égard à des témoignages autres que ceux des jurés. Ceux-ci dictaient leurs rapports aux clercs de l'Écritoire, qui les inscrivaient sur un registre arrêté, signé et paraphé par eux, à l'instant même, pour éviter toute fraude. Les clercs de l'Écritoire délivraient ensuite aux intéressés, quand il le fallait, et cela dans les vingt-quatre heures, la grosse des délibérations, sous peine de perdre leur office ou de subir une amende, dont le tiers revenait au dénonciateur; chose qui nous semble profondément immorale, puisque c'était récompenser l'infamie.

Les journées des maîtres et celles des ouvriers, les vacations des jurés, qu'on se gardait bien, dans le moyen âge, d'abandonner au libre arbitre des intéressés, furent également tarifées par Louis XIV. Il leur était interdit de travailler le dimanche et les jours de fête, sous peine de cent livres d'amende, et la privation de leur charge pouvait même devenir la conséquence d'une récidive concernant l'exagération des honoraires relativement à quelque acte irréligieux.

Comme le choix des matériaux avait la plus grande importance pour le public, les jurés étaient tenus de visiter tous les bois, travaillés ou non travaillés, mis en dépôt sur les ponts et sur les quais de la capitale et des environs. Ils y apposaient une marque quand ils les jugeaient convenables, et il n'était permis de les vendre qu'après cette autorisation; aussi le dépôt des bois devait-il durer trois jours au moins après leur déchargement. Les achats de solives faits d'avance n'étaient maintenus à l'arrivage au port qu'autant que les autres charpentiers se trouvaient pourvus; car la nécessité publique l'emportait sur l'avantage personnel de l'ouvrier. C'était également dans le but d'offrir aux particuliers les meilleures garanties possibles que les ordonnances défendaient, sous peine d'une amende de quinze cents livres, toute entreprise particulière qui avait pour but de commencer et d'achever le même bâtiment *pour rendre la clef en la main;* car cette espèce de convention, si commune de nos jours, si ruineuse aux maîtres et si préjudiciable aux ouvriers, nécessite les marchés au rabais et compromet les intérêts de tous.

En 1697, le corps des charpentiers de Paris subit une réorganisation administrative dont le but était de mieux centraliser son action. Les quatre anciens jurés syndics avaient abdiqué leur emploi moyennant remboursement de 3,000 livres à chacun, somme payée pour la finance dudit emploi, et la communauté des maîtres avait élu deux nouveaux *jurés experts aux œuvres de charpenterie,* choisis parmi les artistes ayant *dix ans de maistrise.* A ces deux nouveaux jurés elle avait réuni les deux maîtres élus l'année précédente, et confié à ces quatre honorables industriels les intérêts de la communauté. Il fut établi que désormais les quatre jurés experts auraient, pour droit d'examen et de réception des maistres en l'art de charpenterie, chacun *douze jetons d'argent,* et qu'on en donnerait quatre à chacun des quatre maîtres, tant anciens que nouveaux, qu'on appellerait alternativement comme assesseurs des quatre jurés du roi. Les épures des candidats, les notes d'examen demeuraient enfermées dans un coffre à deux clefs, dont l'une appartenait à l'un des anciens syndics, et l'autre clef à l'un des nouveaux. Ces syndics devaient, deux fois par mois, visiter les bâtiments, les chantiers des maîtres, les ateliers, et nulle excuse, excepté un cas de maladie, ne pouvait les en exempter. Ils tenaient registre exact des sommes perçues et des sommes dépensées au nom de la communauté, et quand leur administration expirait, dans la quinzaine qui suivait ils étaient tenus d'en rendre compte en présence de quatre syndics présidés par le procureur du roi au Châtelet. Par la même ordonnance du conseil d'État, le chiffre des réceptions à la maîtrise fut élevé à 500 livres pour les apprentis ordinaires et à 300 livres pour les fils de maître.

Telle a été, à de très-légères modifications près, jusqu'au règne de Louis XV, la véritable charte des charpentiers.

Autant les grandes guerres de Louis XIV avaient imprimé de mouvement à la charpenterie militaire, autant l'architecture monumentale était venue en aide à la charpenterie civile. Les travaux exécutés au Louvre, à Versailles, à Saint-Germain, à Marly, furent considérables. La charpenterie et la menuiserie y entrèrent pour un cinquième environ de la dépense. Mais on ne tint plus compte des ouvriers en bois comme artistes, moins peut-être que des ouvriers en fer. L'architecte absorba les agents secondaires, qui travaillaient d'après ses plans : c'est à peine s'ils sont nommés sur les livres. La même chose avait lieu partout. A Bruxelles, dans la reconstruction de la maison de ville, dans celle du palais archiducal, dévoré par les flammes le 4 février 1731 ; en Lorraine, où Stanislas construisit de si beaux monuments, les charpentiers se sont effacés derrière l'architecte ou l'ingénieur. C'est à peine si l'on désigne le charpentier Guillaume van Schepdael, qui secondé du maçon Henri Vits, couvrit un bras de la Senne d'une longue voûte appuyée sur dix-huit cents pilotis, et qui exécuta plusieurs autres travaux non moins remarquables. On ignore également les noms des deux Bourbonnais, de Duprey, charpentiers lorrains fort distingués, et tant d'autres noms honorables perdus dans l'immensité. L'utile n'excite l'admiration de personne. On en use sans songer à la main qui le procure.

Dans les années de paix auxquelles le dix-huitième siècle dut sa prospérité, la charpenterie française et la charpenterie belge, appliquées à la navigation intérieure, à l'exécution des canaux et des ponts, rendirent d'importants services. Elles ne furent pas moins secourables à certaines industries, dont elles perfectionnèrent les procédés. Les académies, sorties de l'ornière où les avaient trop longtemps maintenues des jeux d'esprit sans portée, mettaient alors au concours des sujets de prix offrant un but d'utilité directe. On vit des charpentiers se présenter dans l'arène et mériter la couronne. Tel Pierre Jaunez, auteur d'un *Mémoire sur les pressoirs à vin,* qui porte pour épigraphe : *Tractant fabrilia fabri,* et qui fut imprimé à Paris, chez L. Vallot, en 1788 ; in-8° de 82 pages, avec 2 planches.

A cette époque, les travaux de Monge, ses leçons lucides en géométrie descriptive, science qu'il créa pour ainsi dire ; les profonds ouvrages publiés par Prony sur la statique, l'hydrostatique et l'hydrodynamique ; les recherches, les

créations de Lalande, de Peyronnet et d'Andréossy relatives à la navigation intérieure ; mille autres élucubrations partielles formèrent un ensemble de théories
fécondes auxquelles vinrent puiser tous les charpentiers de l'Europe capables de
les comprendre et de les appliquer. C'est à l'école de Monge, la première du
monde, que se sont formés ces artistes ingénieux auxquels Napoléon demandait
des choses réputées impossibles. C'est de là que sont sortis les Aimé, mort di-
recteur des modèles de l'École d'application d'artillerie et du génie ; les Krafft,
les Hassenfratz, les Morisot, les Gauthey, les Durand, etc., qui de la charpenterie ont fait un art et une science.

FIN.

PARIS. — TYPOGRAPHIE PLON FRÈRES,
RUE GARANCIÈRE, 8.

A. Racinet fils del.   Bisson et Cottard sc.

LE PALAIS SOUS LOUIS IX.

D'après une gravure conservée au Cab. des Est. de la Bibl. Nat. de Paris.

F. Seré direxit.

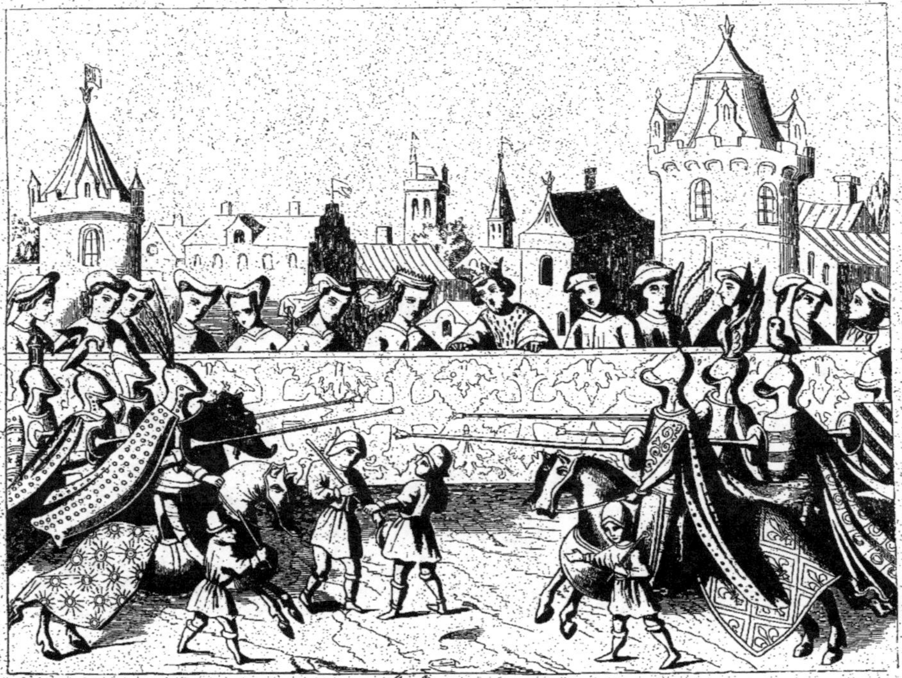

A. Racinet fils del.

Bisson et Cottard sc.

JOUTES POUR L'ENTRÉE DE LA REINE ISABEAU.

D'après une miniature des Chroniques du temps. (Ms. de la Bibl. Nat. de Paris.

F. Sere direxit

A. Racinet fils del.   Bisson et Cottard sc.

CHARPENTIERS DE NAVIRE. — XIᵉ SIÈCLE.

Tirés de la Tapisserie *dite* de la reine Mathilde.

F. Seré direxit.

SAINTE COLETTE DE CORBIE,
PATRONNE DES CHARPENTIERS,

D'après une gravure de Martin de Voss.

F. Seré direxit.

LES COMPAGNONS. — TYPE DE COMPAGNON CHARPENTIER

LES COMPAGNONS. — L'ARRIVÉE DES COMPAGNONS CHEZ LA MÈRE.

LES COMPAGNONS. — L'EMBAUCHÉ PAYANT SA BIENVENUE.

LES COMPAGNONS. — LA RÉCEPTION.

LES COMPAGNONS. — LA FÊTE.

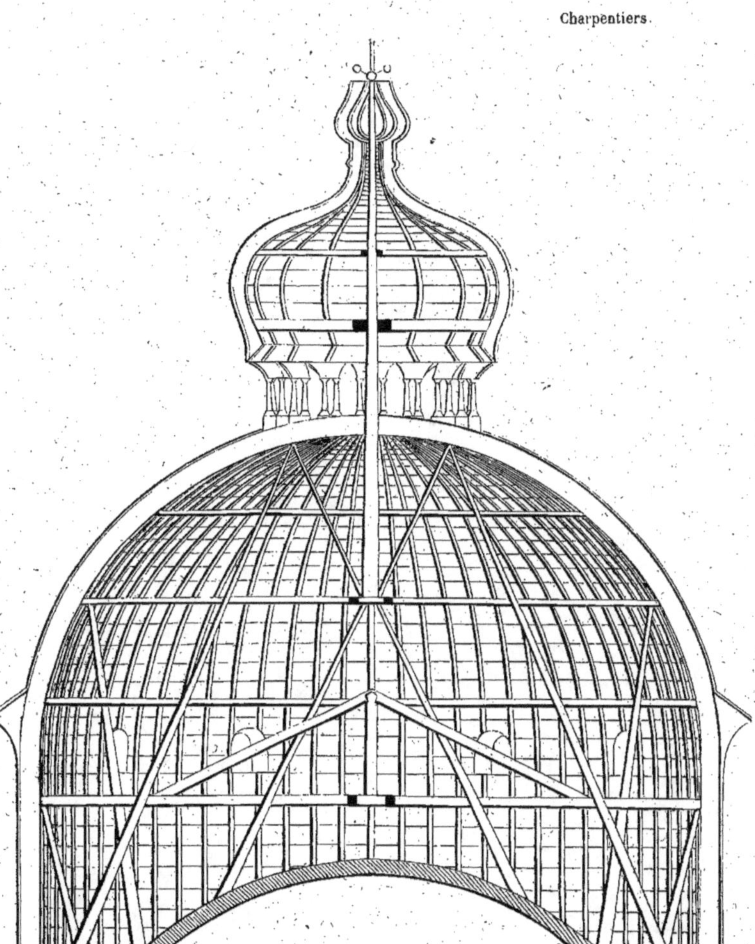

COUPOLE DE SAINT-MARC, A VENISE.

F. Seré direxit.

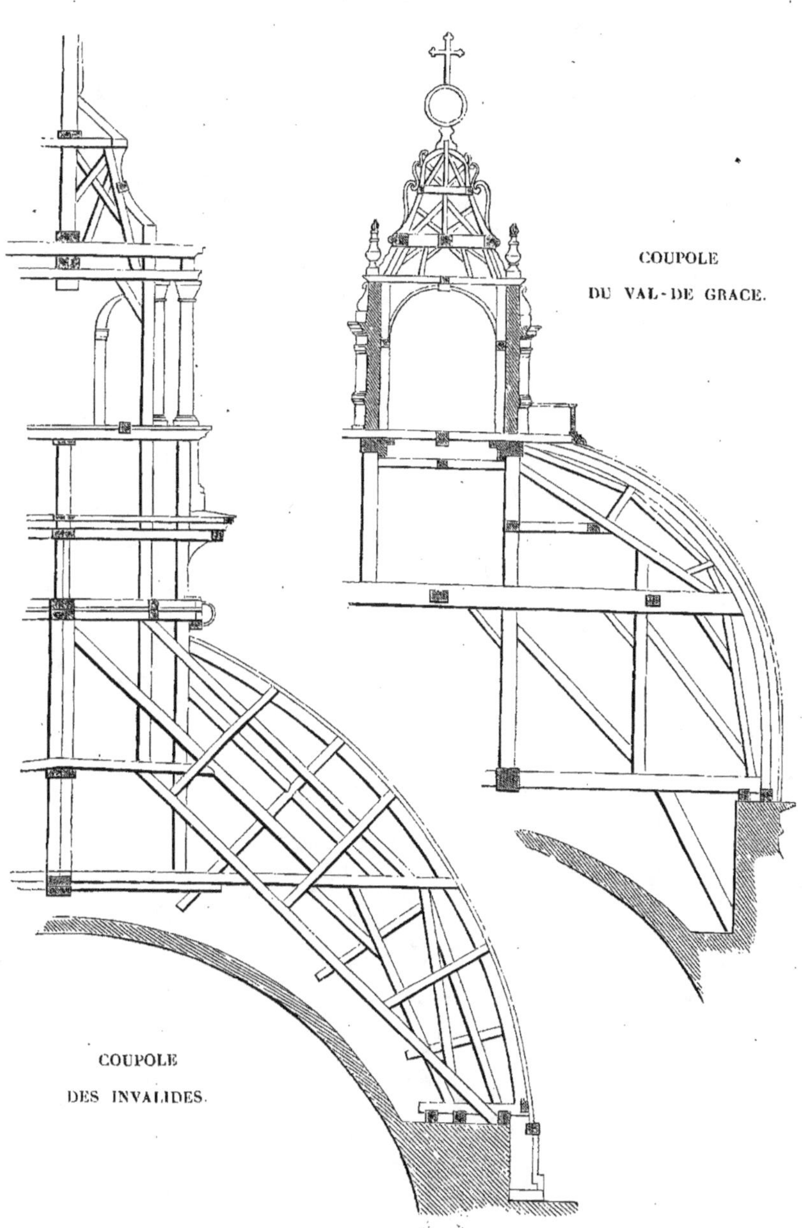

COUPOLE
DU VAL-DE-GRACE.
COUPOLE
DES INVALIDES.

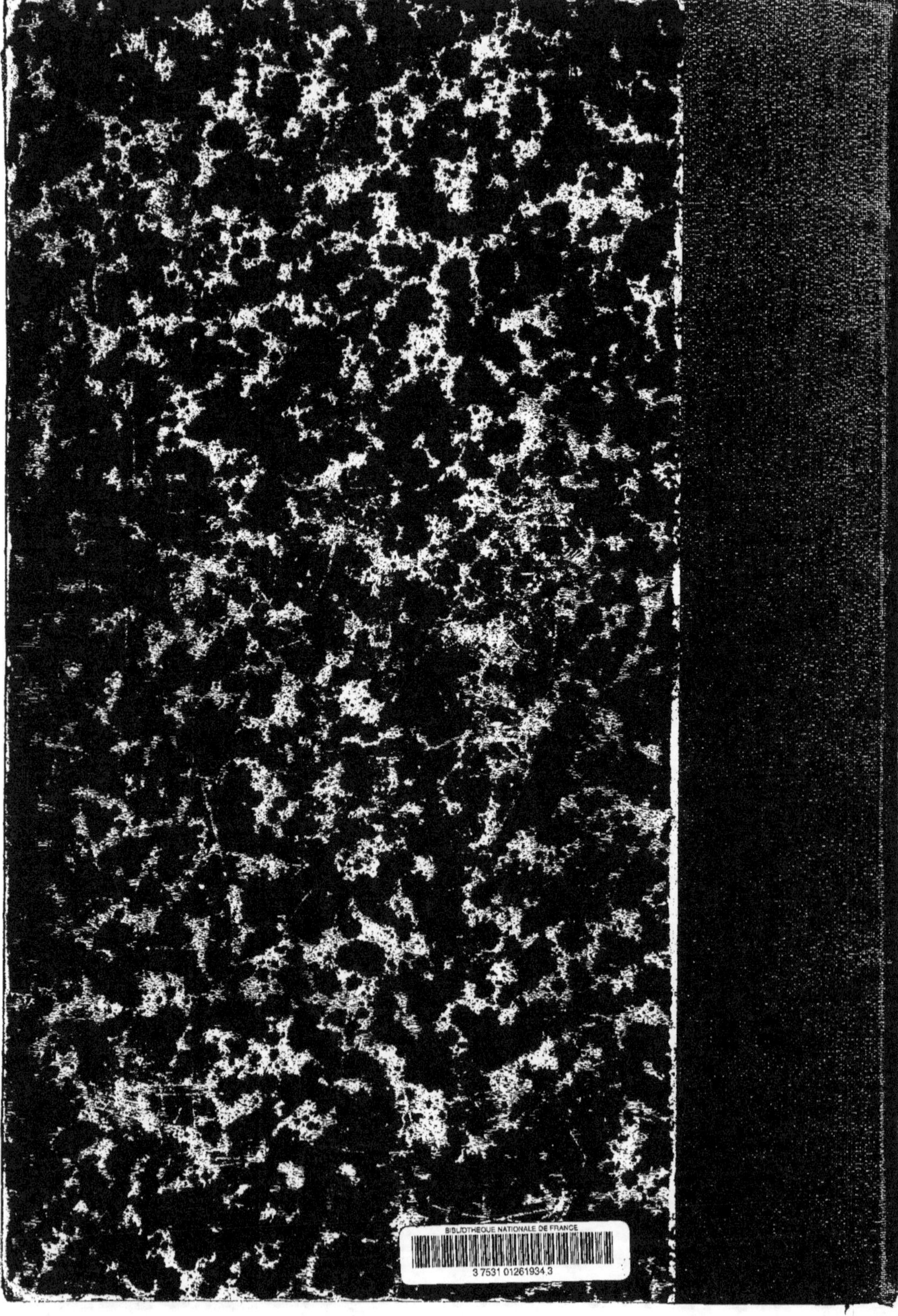